U0520453

나의 하루는 4시 30분에 시작된다

早起打破空心生活

我的一天从凌晨四点半开始

[韩]金有真 ◎著　　刘　楠 ◎译

浙江人民出版社

图书在版编目（CIP）数据

早起打破空心生活 ：我的一天从凌晨四点半开始 / （韩）金有真著 ；刘楠译. — 杭州 ：浙江人民出版社， 2023.8

ISBN 978-7-213-11072-6

Ⅰ．①早… Ⅱ．①金… ②刘… Ⅲ．①成功心理－通俗读物 Ⅳ．①B848.4-49

中国国家版本馆CIP数据核字(2023)第080570号

浙江省版权局
著作权合同登记章
图字：11-2021-293 号

나의 하루는 4 시 30 분에 시작된다 (My Days Begin at 4:30 a.m.)
by 김유진 (Kim Yoo Jin)
Copyright © 김유진 (Kim Yoo Jin) 2020
All rights reserved.
Simplified Chinese Copyright © 2023 by ZHEJIANG PEOPLE'S PUBLISHING HOUSE CO.,LTD.
Simplified Chinese language is arranged with Tornado Media Group through Eric Yang Agency and CA-LINK International LLC.

早起打破空心生活：我的一天从凌晨四点半开始
ZAOQI DAPO KONGXIN SHENGHUO：WO DE YITIAN CONG LINGCHEN SIDIANBAN KAISHI

[韩]金有真 著　刘楠 译

出版发行：	浙江人民出版社（杭州市体育场路 347 号　邮编：310006）
	市场部电话：（0571）85061682　85176516
责任编辑：	陈　源
营销编辑：	陈雯怡　陈芊如　张紫懿
责任校对：	何培玉
责任印务：	幸天骄
封面设计：	李　璐（璐过炒米）
封面插画：	罗自强（Rebbit）、成泽安（爱睡觉的大使）
版式设计：	蔡炎斌
电脑制版：	北京之江文化传媒有限公司
印　　刷：	杭州丰源印刷有限公司
开　　本：	880 毫米 ×1230 毫米　1/32
印　　张：	6.75
字　　数：	100 千字
插　　页：	1
版　　次：	2023 年 8 月第 1 版
印　　次：	2023 年 8 月第 1 次印刷
书　　号：	ISBN 978-7-213-11072-6
定　　价：	58.00 元

如发现印装质量问题，影响阅读，请与市场部联系调换。

—— 上小学时，因父母工作调动全家从韩国迁至新西兰；后只身一人留在新西兰求学。

—— 高中时，回韩国。

—— 赴美念大学，本科毕业后，因法学院研究生申请结果不理想，一边就业一边继续申请。

（照片来源：Kim Yoo Jin）

—— 20多岁时成为研究生。研二时转学至埃默里大学。

—— 在美国佐治亚州联邦法院工作1年。其间，第一次参加佐治亚州律师资格考试，落榜。第二年分别通过了纽约州和佐治亚州的律师资格考试。

—— 回韩国，在某企业担任企业律师。开始运营优兔网频道@美国律师YOOJIN，因为分享凌晨四点半早起的视频而收获大量关注。

截至本书出版前，金有真的优兔网频道已有21.1万订阅者，已在韩国出版3种图书。

如果早起
就能过上不同的生活

前 言

日常生活是由无数个一天积累而成的。如果你最近对生活颇有怨言,即使只有一天,不妨试着让今天与昨天过得不一样吧。你可以这么对自己说——

让我开启特别的一天吧!

开启非同寻常的一天,其实方法非常简单,那就是调整起床时间。这个崭新的一天不用像睡过头的早晨那样匆忙开始。因为早早起了床,所以就有时间整理好床铺,坐下来吃一顿早餐,惬意地享受晨间时光。这就是与昨天完全不一样的开始。

把改变的每一天汇聚起来，日常生活就从此不同了。

我的一天从凌晨四点半开始。只有这样，我才能保证在工作的同时有余力挑战其他新鲜事物，在喜欢的生活中一边享受兴趣爱好一边写书。当然，对待工作我从不懈怠。

有人可能好奇，这么早起床难道不累吗？

当然累！

虽然我长期坚持凌晨早起，但直到现在，醒来的瞬间身体还是仿佛重如千斤。但倘若无法战胜这个时刻，找这样那样的借口再次入睡，只会错失让生活从此改变的可能。每一个凌晨四点半，我都是抱着这样的想法艰难起身。

我是一名律师。通过律师资格考试进入职场后，我并没有成为理想状态的自己，而是每天都过着日复一日的生活。早上在没睡醒的状态下去上班，晚上下班后什么都不想做，只能拖着疲惫的身体发呆看电视、刷社交软件……网购是我当时唯一的乐趣。不知道是焦虑还是怎么了，我常感到非常无力，迫切渴望生活有些变化——不是简单地换个发型或者买件衣服——而是出现能彻底改变人生的一个特别瞬间！

但我没有找到特别的方法，学生时代那种为了学习而学习的方法没法打动我。本以为工作后，只要下定决心就能挑战各种各样的事情，但现实不容乐观。

可如果什么都不做，生活又怎么会有起色？

早起，为我带来了改变生活的转机。

只要在凌晨就起床，就很难把"没有时间"作为借口了。一天中可支配的时间变多，即使没做该做的事情，也能做自己想做的事。如果临时有约或者因为加班而变动日程，也无须推迟或放弃已经安排好的事情。根据早起后可支配时间的多少，我每天都规划当天能做的事情，把握改变自己的每一个机会。

不过，这样的作息并不表明我强迫自己成为早晨型人，也不说明为了实现早起只能追求少睡。我并没有因此牺牲睡眠时间，也从未在凌晨做非做不可的事情。

凌晨四点半起床，意味着在上班前还有足够多的自由时间，有时间直面自己的内心，思考当下正在做的事情和日后想完成的事情。我没有把自己框定为律师或是职场人，也没有被当下的境况所局限。于是，我发现自己逐渐有了变化，慢慢开始享受属于我的每一天。如果我正逐渐靠近脑海中自己想象的模样，相信真实世界中我的生活也一定有所改变。

每个人的一天都有24个小时，如何使用这些时间取决于自己，只不过我们不该独自苦恼和纠结高效使用时间的具体方法。这本书将告诉你，如何在忙碌的现实中寻回迷失的自我。如果你想振作起来重新开始，就请暂时放下心中的伤痛和苦闷，这本书将给你带来帮助。

我真心期待你有所改变，也支持你活出想要的自我！

金有真

CONTENTS 目录

凌晨不会不讲信义　　第一部分

01 | 早起的那天，一切都变了　　002
02 | 凌晨四点半起床的理由　　017
03 | 当你沉睡时　　027
04 | 别急着离开，早些开始吧！　　039

凌晨四点半，遇到全新的自己　　第二部分

05 | 凌晨四点半的起床法　　048
06 | 疲倦的不是凌晨，而是你　　056
07 | 如果你想用好早起的时间　　067
08 | 早晨型人如何度过周末　　088

我逐渐成长的方法　　　　　　　　　第三部分

09 | 管理自己，而不是时间　　　　　096
10 | 成长是孤独的　　　　　　　　　103
11 | 让人变得从容的极简思维　　　　119
12 | 这不是终点，只是关口　　　　　129
13 | 现在是找寻小确幸的时候　　　　136

改变人生的早起计划　　　　　　　　第四部分

14 | 通过律师资格考试的秘诀　　　　146
15 | 我的一天从凌晨四点半开始　　　160
16 | 一天计划的制定方法　　　　　　174

后　记
凌晨，种下变化的种子　　　　　　　　194

注　释　　　　　　　　　　　　　　197

附　录
早起计划表　　　　　　　　　　　　　198
早起改变了生活　　　　　　　　　　　204

第一部分

凌晨
不会不讲信义

01

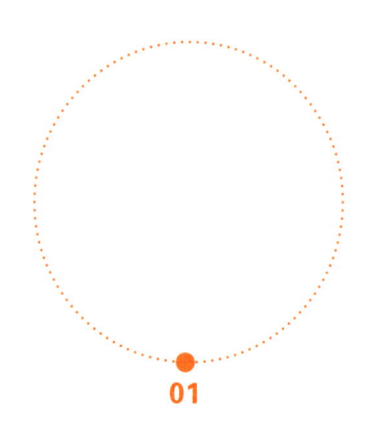

早起的那天，
一切都变了

01 早起的那天,一切都变了

没有症状的心病

2017年底,我结束了在美国的学业和为期一年的法院工作,回到韩国就职于大型企业,开始了作为律师的职业生涯。收获了期盼已久的律师资格证,被理想的企业录取,我从此过上了稳定的生活。一想到以后不用再学习和考试,只须好好上班,我就觉得自己幸福得好似拥有了全世界!

我的一天和其他上班族一样普通。为了赶早上六点半的通勤班车,我必须在六点就起床洗漱。路上一般就打盹儿或者看时事新闻，一到公司就马上开始处理业务，难得有闲暇时间就和同事一起休息放松一下。偶尔能准时下班，我会喊上朋友结伴去吃炸鸡喝可乐，或者回家简单地做一顿晚饭吃。为了第二天能按时上班，我又早早入睡。

如此单一又重复的生活——起床、通勤、工作、偶尔下班后健身、回家吃饭、睡觉——持续了很长一段时间。

说实话，我并不讨厌这样的日程安排，反倒觉得很平常。我已经不再是学生，而是律师和职场人了，不再适合尝试具有挑战性的事情或与众不同的活动，只要认真工作不出任何问题就可以了。不仅是我，同事们的日常生活也都差不多。我们每天都在安静地做着自己的事情，努力过好普通的生活。

要说成为上班族后唯一有变化的地方，大概就是因为担心疲劳影响工作，所以平时被迫休息和睡眠的时间增多了。只要一有闲暇时间，我都会无条件地优先选择休息和睡觉。

实际上，如果不这么做，我感觉自己随时都有可能晕厥过去。在过去的几年里，我不停地奔波于申请、应付考试和准备就业。好不容易当上了律师，才发现社会生活远比当上律师还要艰难。我发现自己现在已经没有精力像以前那样努

01 早起的那天,一切都变了

力"吃苦"了。

即使偶尔有了空闲的时间,我也不知道该做什么,只是把自己"焊死"在床上,看朋友们的消息、娱乐新闻打发时间而不做其他安排——因为我要为第二天继续努力工作养精蓄锐。

但无论我如何休息,都补充不了消耗的能量。随着时间的推移,得到充足休息的我反倒越来越疲惫、烦躁和忧郁。有时我整整一天都沉浸在失眠带来的身心折磨中,有时又连晚饭都顾不上吃、到家倒头就睡,根本来不及思考自己能为此做什么。

某个平凡的早晨,我意识到自己已经变得很古怪。进公司一看到书桌上的电脑,竟然就不自觉地流下眼泪。当然,我并不是被人欺负了,就是感到喘不上气。因为怕有人看到自己哭泣的样子,我赶忙跑到卫生间躲起来,一边洗脸一边自言自语:"唔……我到底怎么了?"

镜子里自己的模样,真是糟糕至极。

我在这一刻非常渴望自己能得到改变,能扼制自己的负面情绪和想法，即使只能坚持一天也好。我希望有一天，自己从睁开眼到合上眼睡觉，不用再为没发生的事情苦恼，自己不必再感到身心俱疲。但尽管这样想，当下的我还是在下班前反复确认今天的工作有否失误，是否还可以做得更好，明天要提交的材料是否准备好了……"没时间"被我当成口头禅挂在嘴边，各种各样的补品轮番吃着却依然深感疲倦。

但问题不止于此。

由于我在国外生活多年，时不时会有一些在国外养成的生活习惯和行为举止，在韩国经常引起身边朋友的误解。因为担心和同事以及回国后认识的朋友产生不愉快，与人交流时我总是非常紧张。人们好像总会严厉地提醒我，我做的事情是错的，说的话也不恰当。我不自觉地养成了看人脸色的习惯。为了避免冲突，我主动减少与朋友和家人的沟通。想到谁都不能接纳我，我自然而然地变得自卑了。以往拼命学习时内心所受的煎熬似乎又在此时被唤醒了。虽然我曾向同期的律师、职场前辈和朋友坦白过这种想法，却收到这样的回答——

大家都是这样，我们也是这样过来的，不算什么。

金律师，在公司可不能这个样子。

有真啊，在韩国不可以这么做的。

忍着忍着，我终于爆发了。某天晚上在公司的聊天群里，我把这段时间感受到的不满都发泄了出来。第二天一早，组长把我批评了一顿。别提什么反省了，我忍受着委屈和遗憾，打算在两周内提交离职申请。

宁静清晨带来的能量

我明明平时一有空就睡觉，为什么早上起床还这么累？我的能量都消耗到哪去了？睡觉让消耗的能量得到补充了吗？为什么我变得这么无力呢？我的性格适合做现在的工作吗？这是公司的问题，还是我的问题？我需要休假或者旅行吗？无论如何反思，我都没有找到明确的答案。

有一天我在凌晨四点左右醒来。要是在往常，我八成会再次入睡，但那天我格外有精神，一直保持清醒，只不过想到要去上班就觉得浑身酸痛。我起身倒了一杯红参茶坐在餐桌旁，竟久违地感受到了晨间的静谧，那种安静都能听到血液嗡嗡流动的声音。

刚才躺着的时候，我心里想着"好不容易早起一次，整理一下书桌吧"才起了床，但起床后转念一想"反正周末还会打扫"，又放下了手中的抹布。我望向书架，心想"要不看会儿书吧"，但平时在公司就是整天读材料，一大早就开始看书显然有一些令人厌烦，所以又放弃了。我决心去做运动，但又想着"冻死人的天气，还做什么运动"，于是就放弃了。这是无力吗？还是因为职场生活太令人疲惫心酸而表现出的抑郁呢？

我最终什么都没做，只是喝着热茶，平静地想事情。

就这么坐了一会儿，我感受到了美妙的安全感——这真的是时隔很久与自己独处的珍贵时光！我不由得开始整理这段时间积压已久的负面想法和不安情绪。

其实，我并没有想象中能适应新的环境，我也不喜欢当下的自己。每每看到别人时，我会不由自主地想"我是不是应该像他那样做事、打扮和说话"。我好像总在和他人作比较，然后在比较中迷失了自我。

我在白纸上写下当前面临的问题、产生的原因、可能的

01 早起的那天，一切都变了

解决方案，然后逐一整理自己的思考与感受。在过去的几个月里，我无论怎么努力工作都感受不到成就感，见到朋友也不开心。模棱两可的人际关系，堆满无用文件的书桌，我需要像整理书桌一样整理凌乱的心情。

于是，什么都不做只是安静思考的凌晨，成为了我犒劳自己的时间。对于想要什么都不知道的我来说，独自思考给了我暂停下来调整生活的机会。看着朝霞与日出，我心想："是的，今天也要加油！"

我就这样怀着愉悦的心情去上班，到公司后向同事们热情地打招呼。

大家好，我是金有真。请忘掉昨天的我，今天的我获得了新生，我会更加努力工作的！

哈哈哈，金律师您还好吗？您这是怎么了？

虽然同事们的反应出乎我的意料，但我的心情很好。接纳自身的不足之处，加油好好工作！莫非这是受到了早起的影响吗？尽管今天不是周五，我的心情却很愉悦。

早起打破空心生活：我的一天从凌晨四点半开始

•

第二天，我还是比平时提前两个小时起床，享受与自己独处的时间。我在纸上记录下自己的思考，继续探索。是什么让我生气？我应该遵守的属于自己的标准是怎么样的？我可以放弃的和不能放弃的是什么？我想要的是什么？就这么退一步远远地审视自己，一边观察一边检查，开启了我的一天。

就这样，第三天我依旧早早起床了……

刚开始的时候，因为下班后什么都不想做了，所以我就提前上床睡觉了。渐渐地，我发现自己开始习惯用"肯定的能量"奖励自己。我已经开始喜欢早起。

虽然工作和职场生活没有什么大的起色，但是单纯因为提早开启一天，我的生活发生了很多变化。早上不再担心上班迟到，能不慌不忙、悠闲地准备上班，感受自己当天的状态。就像换季时整理衣柜一样，每天都以重新开始的心态回顾自己，消除不必要的担忧，我的心情也由此变得轻松。之前无论怎么休息都没法补充能量的我，现在每天都元气满满。

原来，我的生活并没有想象的那么糟糕！

后来我没有辞职，不知道是因为我的心理承受力有所提高，还是自己真的发生了改变或是状态得到了调整。虽然不知道确切的原因，但此刻我对职场生活有了信心。我认识到公司的工作不是"该做的事情"，而是"能做的事情"。

以前，我会看领导脸色问："组长，我做得好吗？如果我做错了什么，请您一定要告诉我。"现在，我会自信地说："这次的诉讼应该能赢，请交给我来做！"对于这种充满自信的话，组长偶尔会回答："你有这种想法很好，但是不要对专务那么说，他可能会有过大的期待……"果然，公司就是公司。

早起就是休息

人们遇到坚持早起的我，大多会说——

你看起来好忙，日子就随便过过吧！

休息一会儿吧，为什么这么认真地生活？

我确实很忙，也在努力生活，但对我来说这并不辛苦。这么多年来我从未轻易得到过什么，想必以后也会这样继续生活下去。我总需要比别人表现得更加努力、更能忍耐，才能获得自己想要的东西。当然，身边也有和我不同、用简单模式生活的人，虽然他们具体的情况不得而知，但至少从表面上来看，他们往往能抓住让自己轻松的好机会。每次遇到这样的人，我既好奇为什么他们的人生那么顺利，同时又觉得很委屈，因为自己是来回奔波、气喘吁吁才抵达目的地。

年纪渐长，我逐渐领悟到其实像我这样的人有不少优点。对我来说，人们竭力避开的弯路我已经走过好几次，所以摔倒对我来说不算什么，每次我还会重新站起来。其次，我养成了在孤独和无尽的努力中寻找快乐的习惯。我还学会了让自己保持坚韧的方法，无论有多大的阻碍，我都会坚持不懈地前进，直到自己喘不过气为止。正是这些优点支持着我一天又一天地在凌晨起床。

许多人认为我是为了多做事情才在四点半起床。实际上，**凌晨不是我挑战早起极限的时间，而是我用来暂时充电和休息的时间**。所以，与其说凌晨起床是为了努力生活，倒不如说是为了让自己能够坚持努力生活。疲惫的时候，在宁静的凌晨喝一杯热茶，听喜欢的音乐就能让人充满能量。忧郁不安的日子更是如此，这些凌晨的时光让我找到了属于自己的安全感。

早起实际上对精神健康也有积极影响。一项涉及70万人的研究显示，早晨型人患抑郁症的概率比一般人低，且他们的主观幸福感更高。[1]

一般来说，人们认为的"休息"大多是补觉或者找个舒服的地方休息。而我开始实践早起后，学会了在日常生活中寻找闲隙。当然，旅行充电是一个不错的选择，但旅行往往还需要考虑食宿和景点攻略等耗神的问题。因此，比起思考如何悠闲地休息，我觉得更应该思考如何利用这些时间做其他事情。

与有意寻找休息时间相反，在上班路上打个盹儿，和同事们一起吃午饭，悠闲地喝咖啡、换换心情，做这些普通的事情也能令人平静舒畅。下班后吃一顿美味的晚餐，或者洗完澡躺在温暖的被窝里回顾今天自己的表现，这些也都是能放松身心的事情。周末，我还会坐在公园的长椅上发发呆、看往来的路人，或者在网上搜索值得尝试的新鲜事物，以此收获小小的乐趣。

我发现，决定休息质量的不是身体做了什么，而是头脑和心灵感受了什么。早晨起来，哪怕只是很短暂的时间，只要能体会一下真正的闲暇时光，就能在日常生活中轻松找到暂时放下复杂心情的缝隙。

没有什么比放空头脑、抚平心情更能让人得到彻底的休息了，这是我在凌晨深刻体会到的道理。每个人肯定都有属于自己的有效的充电方法，但为什么凌晨起床能让我真正地感到身心舒畅呢？我想要探索其中的奥妙。

值得借鉴的早起习惯

生活是不可预测的，意想不到的问题时不时就会出现。我在学习名人的生活习惯时，发现了一些能帮助我克服生活困难的诀窍。以下是两件我在早晨会做的事情：

01 早起的那天，一切都变了

第一，学习古罗马皇帝马可·奥勒留，起床后读几页斯多葛派哲学。

第二，做一些可控的事情。

在"我能直接控制的事情"中,最有代表性就是整理床铺。事实上,整理床铺给生活带来的安慰和帮助比想象的更多。工作结束时,你要做的最后一件事情是"回到实现梦想的起点"。回家时看着干净整齐的床,心情会变得很平和,自尊心也能得到满足。整理床铺绝对是早上能做的最好的事情![2]

蒂姆·费里斯
美国著名作家、企业家

02

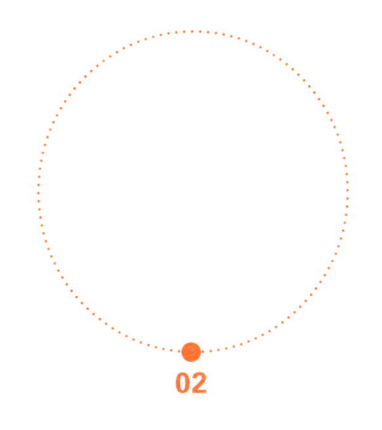

凌晨四点半
起床的理由

凌晨是属于自己的时间

人们总对我有些好奇——

为什么起那么早呢?

我是这样回答的:

"在凌晨起床,我就能做完想做的事情再去上班,比如准备感兴趣的考试、坚持运动减肥、学习视频剪辑做短视频博主，等等。自律的生活让我更加自信，我怎么能放弃凌晨起床呢？"

可是，问题又来了——

同样的事情下午也可以做，为什么偏偏安排在凌晨四点半呢？

我喜欢凌晨起床，是因为凌晨属于"任由自己主宰的时间"，而其他时间是"听从命运安排的时间"。

仔细想想，一天中能完全按照自我意愿支配的时间其实并不多。从早到晚，经常会有与原计划无关、意料之外的事情穿插进来，挤掉原有的安排，占用精力和时间。

尽管如此，人们睡觉的时间却相当固定，"睡觉"这个活动在日程计划上突然变动的概率极低。在约定俗成的睡眠时间里，既不会有人突然联系你去吃饭、询问业务或者聊天，又不大会出现非常有趣的事情干扰你的注意力。在这段时间里，大家无须关注彼此的动态，因而这是真正属于自己的时间，可以按照自己的意愿自由安排活动。

早起打破空心生活：我的一天从凌晨四点半开始

只要遵守自我约定按时起床，我就一定能获得并在一定条件下追加这份起床后的悠闲。也就是说，起得越早，属于自己的时间就越多。

-

我喜欢四点半起床的另一个原因，是在这段时间里能更好地集中注意力做任何事情。正如之前说的，凌晨不仅少了很多干扰因素，相比于下班后筋疲力尽的晚上，人在一觉睡醒的早晨，精气神也会好非常多。

偶尔我没能在凌晨成功起床，就在晚上度过属于自己的时间。奇怪的是，我经常一下班就动都不想动了，甚至有一次还因为没力气回家而下班失败。有时，即使前一天晚上睡得非常好，下班后依然感觉非常疲惫，因为工作已经耗尽我的全部精力，什么都没法再做了。唯有在神清气爽的凌晨，我才会涌现做一些事情的想法。

凌晨起床能让我以悠闲的状态开启新的一天，这也是我热爱早晨型生活方式的重要原因。我的亲身经历证实，早起确实能让人提前做完计划好的事情，于是晚上也能以同样悠闲的方式结束一天。如果你在起床后感到身体不适需要休息，或者想做的事情比预期要花更多的时间，再或者计划临时变动导致事情没来得及做完，那么还可以在晚上的空余时间里把剩下的事情收尾。我就是通过这种方式维持好内心的平静与平衡，不再因为完不成计划而忧虑重重。

如果每天早上都会错过闹钟，那么是否还有可能在凌晨起床呢？

我相信，拥有一次早起的经历就能让你感受到清晨的美好，并激励你不断尝试。刚开始的时候，不用追求每天都早起，一周任意选择三天就好；同样，也不必强求每次都是四点半起床，哪怕只比平时早一个小时也是成功。只要能提早起床，你就能比平时更悠闲。在正式开始紧张的一天前，享受属于自己的时间能大大提升生活满意度，即使它很短暂。

请相信，从早起的那天开始，你将逐渐找回属于自己生活的主宰权，不再会因为时间紧迫而被牵着鼻子到处走。

让自己成为起床后的优先项

与控制体重的运动饮食管理相类似，凌晨起床也是我在疲于工作或生活亟需改变时经常使用的特别措施。不知道大家是否有这样的体会——每当陷入忧郁和疲惫的时候，人们更倾向于责备让自己受伤的环境，却不会回头审视自己。沉溺其中的人们，有时一整天都在睡觉，有时努力回避现实拖延该做的事情。在特别极端的情况下，有的人甚至为了暂时的解脱而被赌博诱惑，又或者过度依赖酒精、游戏等。

其实，人生不一定非要竭力避免艰难时期，因为其中很可能隐藏着带来转折的机遇。与苦难和逆境相比，更大的绝望是在能重新站起来的瞬间无法摆脱低谷状态的束缚。

凌晨起床能够给予我们答案。

对我而言，上班前的时间是缓解压力最好的时间。不用看他人脸色或照顾他人的处境，我只须集中精力关注自己，倾听内心的声音，觉察伤痛和正在改变的自己。

为什么决定在四点半起床，而不是其他时间？因为在多次测试后，我发现这就是我的最佳作息时间。晚上十点左

02 凌晨四点半起床的理由

右,我已经开始有睡意;四点半起床,既能保证足够的睡眠,也允许我能不急不躁地做准备工作,不必担心出现迟到或推迟日程的情况。大多时候,我会慢慢睁开眼睛,点一支香薰蜡烛,听一首舒缓的曲子,再煮一杯咖啡。就算放慢这些流程,喝上咖啡也才不到五点。

早上有空余时间,我就可以整理以前来不及收拾的衣被,擦拭书架上的灰尘,洗个热水澡缓解僵硬的肌肉,顺便做个发膜保养没来得及打理的头发,再吃一顿丰富的早餐。这样的早晨,让忙碌的我感恩自己何其幸运,能用心爱护自己,自己慢慢就变得自信了。

我在做这些事时,始终都把自己放在优先考虑的位置。优先考虑自己,不同于与自己独处。如果说后者是拥有平静悠闲的时光,那么前者就是通过做喜欢的事情找回自己。

请用自己喜欢的事情开启全新的一天,千万别把上班作为睁开眼睛后第一件重要的事情!我的早晨就好似周末,我不仅会在早晨听音乐喝茶,还会看喜欢的电影和电视节目。不过,一旦我有了努力的目标,我就会投入凌晨的时间去实现它。这段时间一定与公司安排的工作无关,只是关于自己想做的事情。

如果你的生活需要一些刺激，或者此时的你正心乱如麻、疲于行动，不妨检查一下自己的生活方式，试着早起做点自己的事情吧。与其漫无目的地向前奔跑，不如在寂静的凌晨按下暂停键，喝杯热茶，关注一下自己的一方天地、关心一下自己的健康和爱好。

就从今天开始吧！

值得借鉴的早起习惯

即使不设置闹钟，我睡够8个小时就能自然醒来。自然醒，是一天最好的开始。

我不会轻易改动睡眠时间。

晚上，我不会把电子设备带进卧室。

睡前，我会点一支香薰蜡烛，好好洗个热水澡。

我专门为睡觉准备了

睡衣、睡裙或舒适的家居服。

02 凌晨四点半起床的理由

尽量避免穿白天的便服,
这会让大脑产生还在工作的错觉。
睡前可以喝洋甘菊或薰衣草茶,
读几页小说或诗。

我是不吃早餐的人。人们在早上吃的食物，我一般会当午餐或晚餐吃。早晨我会喝一杯咖啡，冥想20—30分钟，然后做运动。

偶尔没这么做的话，我会尽量不去批判自己，然后努力克服它带来的负面影响。[3]

阿里安娜·赫芬顿
《赫芬顿邮报》创始人

03

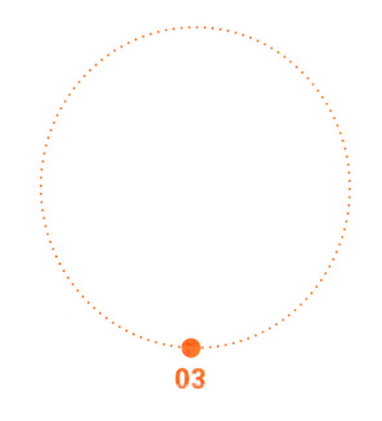

当你沉睡时

别人已经开启新的一天

凌晨四点半起床带给我的生活改变,不仅是在早晨完成了想做的事情,它还使凌晨起床成为努力实现梦想的第一步。

通往梦想的道路多种多样,其中之一就是和已经成功的前辈直接沟通。通过这个方法不但可以听取过来人的实际建议,而且能收获努力向上的正能量和积极乐观的情绪。但如何才能认识这些前辈呢?机遇难求,我会选择主动出击。

03　当你沉睡时

平时，我会留心能与圈内名人或受尊敬的前辈交流沟通的机会。在读法学院期间，如果没有特别的安排，我每周都会用一两个起床后的凌晨，给想交流请教的前辈发邮件，对方主要是我尊敬的法律人和想回韩国后去拜访的律师。如果找不到公开的邮箱地址，我就会手写信件邮寄到对方的公司。

刚开始我担心自己的行为是否看起来太冒昧失礼。不过我当时还是学生，如果真有很多没考虑周到的行为，想必忙碌的人也会忽略我的打扰吧，所以这明显是我多虑了。意识到这一点后，我反而借着学生的身份大胆地表述想要请教的问题，不论对方是多么名声在望的前辈，即使得不到回信我也丝毫不在意。虽然这么做可能毫无意义，但"世间万事是说不准的"。我就是这样磨炼自己的胆量，慢慢种下了不知何时何地会发芽的希望的种子。

有时我真的会收到回信。有的前辈爽快地接受了我的拜访请求，有的后来甚至成为了我的导师，还把我引荐给其他法律人。与他们沟通后，我才了解到一个意料之外的情况，原来这些前辈并不像我们想的那样经常收到请教的邮件。

有一次，我为了能获得一个特别难得的机会，给一位尊敬的律师发邮件，询问她是否愿意接受我的拜访。结果我居然收到了回信！

明天早上六点半之前可以吗？

六点半？！

我以为自己看错了，跟她确认："您是说下午六点半吗？"

不，是早上六点半。

第二天，我提前五分钟到达了约定的地点，眼前的景象令我大吃一惊——

虽然是大早上，但餐厅里坐了一大桌人，不仅有我联系的那位律师，还有管辖区的法官、检察官，以及律所的前辈们。

有一瞬间，我怀疑自己是不是找错了地方，但约定的地点确实就是这里。

后来我才知道，原来那天是女性法律人定期聚会的日子。由于大家平时都很忙，开始上班后就没有空余的时间，

03　当你沉睡时

于是就利用早晨上班前的时间见面。

第一次与只在电视里见过的前辈一起吃早餐，我虽然表面上装得若无其事，但内心心潮澎湃。

直到现在我也不明白为什么这样的幸运会降临在我的身上。因为我只是早早地在凌晨起了床，给心仪律所的代表发了一封邮件，在早上六点半出现在了约定地点——我就拥有了与我所崇拜的前辈交流的机会。

那天，其中一位前辈对我说："如果早上起床不辛苦的话，你可以经常来。我们还有很多其他的聚会，下一场在早上七点开始。"

"太好了，我一定会常参加的！"我自信地回答。

因为学校的课在上午八点或九点才开始，所以参加早上六点半的聚会对我来说完全没有问题。后来，我每周会参加一到两次聚会。在这些聚会上，我看到了平时视为"偶像"的前辈们的生活状态，收获了书本里绝对学不到的实质性教诲。

从法学院毕业后，我开始在法院工作。我不再是学生，而是职场人、法律人了。我与聚会中认识的前辈们关系更亲近了，通过一次次的聚会，我对许多事情的认识逐渐与她们靠近。即使工作忙得不可开交，作为能互相提供建议和帮助的前后辈，我与她们至今仍保持着良好的联系。

其实，早晨发生的幸运远比我们想象的多。在这个世界熟睡的时候，不知道有多少人在为实现目标而奋斗，有多少人已经达到了我们难以企及的高度，但他们抵达了一个目标后，又向下一个目标前进。对他们而言，早起只为了理想。

赖在床上过度休息，既不能改变现状也很难支持你走得更远。适时唤醒已经没那么沉重的身体，尝试新的挑战，迎接你的将是超出想象的机遇。这一刻你不必惧怕失败，因为凌晨起床这个行为本身已经是成功的第一步。

怎么度过一天取决于每个人自己的选择，这个小小的选择足以改变人生。

在凌晨开启新世界

回韩国之前，我一直都是一边学习一边工作。本科时在学校打工，在法学院攻读硕士期间在律所实习，毕业后准备律师资格考试时在法院工作。以上每个阶段走来都不容易，

03　当你沉睡时

我能够做好这一切的秘诀只是积极合理地用好凌晨的时间。

你是否想过做一些和所学专业或现有工作完全无关的事情？你是否想试着认真做超越个人兴趣的事情？或许你难以放弃工作，想等待合适的时机出现，又担心错失良机。如果你想直面挑战、实现梦想，又想兼顾家庭和工作，那我强烈推荐你尝试凌晨起床！

早起后的时间是人生的奖励时间。与用来工作与学习的时间不同，在这段时间里没有必须要做的事情，因而只要有所行动就都是收获，完全放空也不存在损失。你大可以放心地去尝试以往不敢想象的事情。

在凌晨做那些令你心动却被琐事挤出日程的事情吧。天亮的同时你也将看到机遇，试着去抓住那份幸运。我在凌晨挑战过各种各样的事情，虽然有时并不特别顺利，但更多时候能遇见奇迹般的收获。

-

在法学院念书时，我曾为申请暑期实习岗位积累经验而备受煎熬。当时，我有意向的几家律所的实习岗位竞争非常激烈，看着自己的成绩单和申请书我又犹豫了。学校里帮助学生就业的职业顾问说"你去申请那些律所是在浪费时间"，便递给我一份有可能通过面试的公司名单。

害怕最后哪儿都去不了的我，当时按照职业顾问的建议填写并提交了简历和申请书，只是申请书上没有一家事务所是我真正想去的。诚然，在哪里都能学到东西，但令人沮丧的是，我申请的岗位都不涉及自己最想了解的诉讼领域。

提交申请后，职业顾问那句"研二的学生很难在以诉讼为主要业务的律所找到工作"一直萦绕在我耳边。这些岗位通常只面向成绩优秀、有诉讼领域经验的学生。当时职业顾问劝我说："以你的情况，即使报名了也大概率过不了材料审核。"

最终，不甘心的我决定靠自己去争取机会。因为白天忙着上课、做作业、参加面试等，所以我决定在不影响日常生活的前提下利用空余时间迎接挑战。大概有两周左右，每个起床后的凌晨，我都会通过电子邮件向全美范围内心仪的律所提交申请。我就想试一次，反正没有什么损失。当然，每一次申请我都需要根据不同的要求修改简历和申请书，这个过程非常烦琐。即便如此，这种程度的付出是非常有价值

03 当你沉睡时

的。回想起来，当时的我可能也是因为自己实力不足不得不广投岗位而感到丢脸吧，所以才选择在凌晨偷偷报名。不过在生活的间隙里做一些尝试，就算失败了也不可惜。

一周后惊喜悄然而至，我收到了两家律所的回信！一家说我的材料通过审核了，让我答复可以参加面试的时间；另一家由负责律师亲自发来邮件，说他计划离开我申请的地方，成立自己的律所，问我是否想和他一起共事。这真的太神奇了！如果最初的我只静静地等待录取结果，恐怕机会永远都不会找上门。即使是不可能的事情，抱着"没有什么可失去"的想法去争取，一扇新世界的大门或许就此打开。

这来之不易的两次面试我都参加了，最终我选择与即将自立门户的那位律师一起工作。就这样，我遇到了职业生涯中最好的导师。在他那里我积累了很多经验，接触了民事诉讼以及各种刑事案件，他一对一地指导我如何安排客户会议、制作文书、调查证据、法院出庭等。因为在读的法学生很少能在夏季实习岗位上接触到这么多不同类型的工作，所以我格外珍惜这次机会。假期结束后，我也有幸能够继续在这家律所实习。以这些经验为基础，我毕业后顺利收到了美国联邦法院的录用信。

后来，当时邀请我一起工作的那位律师被美国总统提名为美国佐治亚州联邦检察长。我始终都为曾与如此了不起的人共事而感到光荣，现在想起来仍觉得非常自豪。很多人都说我的经历听起来太不真实了，在某种程度上我心里也是这么想的。我甚至不敢想象，如果当初我因为妥协、气馁或忙碌而放弃挣扎，现在会不会过着截然不同的生活。

最近我又开始在凌晨挑战自己了。一大早就做陌生又费力的事情，确实容易让人感到疲惫辛苦，感叹前路漫漫看不到终点。我也并非每次都能获得成功和好运，但我告诉自己**奖励时间的失败并不决定游戏的失败**！不必在意自己花费了多少时间，就这样一步步默默向前，再回头就会发现自己已经不知不觉来到了很远的地方。打破固有认识的瞬间你会获得大步向前奔跑的力量——这是早起的魔法！

03　当你沉睡时

值得借鉴的早起习惯

我习惯早睡早起，尤其喜欢在早上"消磨"时间。我喜欢在早晨看报纸、喝咖啡，在孩子们上学前和他们一起吃早饭。这些闲暇时间对我来说十分重要。

> 我会在上午十点，开始一天中的第一场会议，
> 我会尽量把费脑的会议安排在上午。
> 最好避免在下午做决定。
> 下午五点，如果我认为一件事情"今天做不了"，
> 就会把它放在第二天上午十点继续处理。

我每天都需要 8 个小时的睡眠时间。只有这样才能保证我在白天精力充沛，保持好心情，更好地做出判断。如果你是公司的高层管理人员，每天并不会做成百上千个决定，只要做出少数几个重要的判断。如果你在工作时感到疲惫或烦躁，想必你的决断质量会有所降低。[4]

杰夫·贝索斯
亚马逊首席执行官

04

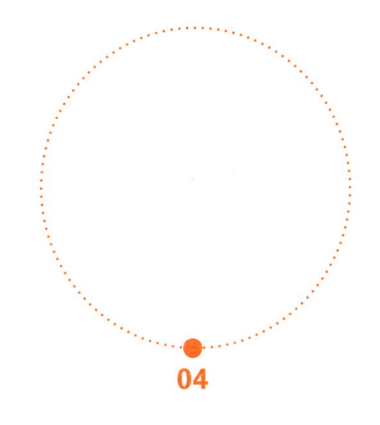

别急着离开,
早些开始吧!

事与愿违的人生

曾经有段时间，我认为永远向前的人生才能成功，实现梦想需要把握恰当的机遇。一旦错过机遇，一切就会变得困难。因此，不论做什么事情，我都会尽快提前做准备。

小时候，我曾离开韩国到海外生活，高中时期又因个人原因回国。由于不同国家的教育制度存在差异，回国后我需要重修初三的课程才能参加鉴定考试。虽然难以认同这样的规定，但我依然老老实实多读了一年书。

2004年我考上大学，入学时刚满18周岁，比其他同学小一岁。大概我实在是个急性子,我用三年时间完成了四年的大学课程,2007年就从大学毕业了。提前毕业后,我就开始准备美国的法学院入学考试(Law School Admission Test,LSAT)。如果能在三年内完成课程,那么我在25岁就能成为一名律师。

为了让梦想照进现实,我做了充足的准备,设立了明确的目标,明白了"什么年龄该做什么事情",想按社会认可的标准提前完成相应的目标。我希望自己能比他人更快速地前进。

可偏偏事与愿违。

虽然我已经非常努力了,但仍没取得理想的LSAT成绩。不得已,我早早进入了社会,更谈不上赚钱了。为什么我失败了?为什么我这么努力,却没有达到预期目标?那时的我整天满是抱怨。

按理说,只要好好提前规划、设立明确目标,按部就班地完成任务就能成功。可问题到底出在哪里?成为律师前,我必须找到答案。

除了独自思考,我还要经历更长时间的磨炼。

早起的鸟儿有虫吃

几经周折，我在 25 岁后终于进入法学院学习。之前我参加了好几次 LSAT 考试，成绩都不尽如人意。我原本想申请到顶尖法学院才罢休，但由于更担心自己比预定的人生规划落后太多，为了不再拖延，最后我决定去普通的法学院念书。

即使当年入学，毕业后顺利通过律师资格考试进入律所工作，我在那个时候也超过 30 岁了。我大概率没法实现自己的理想了。很多人跟我说："30 岁成为律师可能有点晚了……你还得结婚吧？""要不直接去普通公司工作吧。"

入学后，我意识到自己的担心完全是多余的。我身边同学的年龄分布在 20—70 岁，可以说什么年龄层的人都有。他们在各自人生的不同阶段入学，而我并不是"迟到"的人。

那一刻，我不再想比别人领先一步，取而代之的是，我意识到现在能做的事情就要立马去做。入学虽然比计划的晚，但我可以笨鸟先飞。研一时我经常在凌晨起床做作业，最后以优异的成绩进入研二。

因为成绩名列前茅，我转学去了心仪的法学院，成功申请到梦寐以求的项目，也满足了成为律师的必要条件。我将在后文详细讲述这段经历，分享凌晨学习的习惯是如何在我准备律师资格考试时给予莫大帮助的。

人生的追求不该停留在与他人比快慢、较高下，而应该活在当下，以更好的状态开启每一天，努力接近理想中的自己。

圆梦之路，没有绝对的早晚。万事万物都是相对的，实现目标不存在特定的时间。成功的大门或许这周紧闭，也许下周、几年后就会打开。

允许人生有调整计划和方向的情况出现，不必为此而焦虑，毕竟新的人生从那一刻开始为你而来。

值得借鉴的早起习惯

我在每天早上5:45左右起床，确认工作邮件，然后叫醒三个孩子。孩子们上学前，我的早晨就是这样简单地忙碌着。

每个早上我都会运动45分钟左右。

运动能让人一整天头脑清醒，心情愉悦。

运动完我会喝很多水，有时也会喝新鲜的椰子汁。

出门涂防晒霜，尽量只化淡妆。

在没有聚会的时候，我不吹头发就出门了。

04 别急着离开，早些开始吧！

> 维持工作与生活的平衡是一件很困难的事情，但我认为不止一种方法能够做到。每个人认定事物价值的方法不同，相应的解决方案也不同。对我来说，我很明确孩子在我生活中处于优先地位。[5]
>
> 汤丽·柏琦
> 时尚设计师

第二部分

凌晨四点半，
遇到全新的自己

05

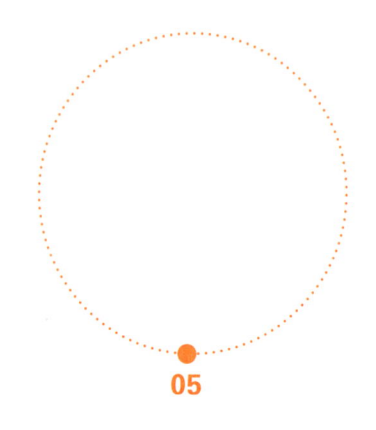

凌晨四点半
的起床法

三、二、一，起床！

四点半的闹钟响起时，我面临两个选择——要么立即起床、洗漱、喝杯茶开启昨晚规划好的一天，要么无视闹钟、好好睡一觉再起床，日复一日。在这个瞬间，你的选择将决定这一天的生活走向。

很多人会继续躺在床上做思想斗争——"现在起来能干什么？""再睡五分钟吧。""早上想做的事情下班后再做也可以。"用各种各样的借口使自己的选择变得合理，然后再次入睡。

而我不会留给自己时间去思考这些问题。三、二、一，起床！听到闹铃声的瞬间，我的意识已经"醒了"，我在心里倒计时五秒。我的原则是在五秒内关掉闹钟，即使眼睛睁不开也得起床。

其实，早起真的没有特别的秘诀，最有效的方法就是什么都不想，努力睁开眼睛。这么做并没有想象中的痛苦。睡眠专家尼尔·罗宾逊的研究显示，如果人们因为疲劳而关掉闹钟继续睡，此时睡眠周期就重新开始了，之后挣扎着起床反而会中断新的睡眠周期，一整天都会陷入疲惫。[6]

-

实在太累而起床困难的时候，我们可以对自己说"以后再休息""上班路上再睡""现在起床做事，周末就能好好休息""早上锻炼了，晚上就能和朋友见面"等。就这样坚持五秒钟就可以了。

三、二、一，起床吧！

获得"起床大战"的短暂胜利后，请大步径直走向卫生间洗漱、做基础护肤。煮一杯热茶回到房间，播放一首适合当下心情的音乐。这既是醒来的过程，也是宣告一天开始的仪式。

从睁开眼睛到坐在桌前，这些步骤对我来说已经熟悉到几乎是自动完成的。有时我会记不清自己是否做了其中的一项，因为我早已将它们内化为习惯。

热衷早起与起床失败

我在网上分享凌晨四点半起床的日常时，偶尔会遇到抱怨起床失败的人。他们认真地设定闹钟，前一天晚上早早入睡，为什么早上还是这么累呢？即使经过几次尝试后终于在凌晨起床了，一到下午又犯困。早起三天左右就放弃的情况同样非常普遍。

当然，也有人认为凌晨起床不是难题，反而能让人一整天都精力充沛。虽然有一种说法是基因决定了人有"早晨型"和"夜晚型"的类别，但我认为能否早起可能主要取决于如何说服自己"用什么作为早起的奖励"。

轻松实现凌晨起床的人们，一般认为早起收获的时间能帮助他们实现梦想，有的人甚至认为拥有可支配的自由时间就是最好的奖励。早起带来的改变激励他们更加自信，期冀自己拥有更好的未来，从而对早起保持巨大的热情。

与此相反，起床困难的人们很难真实体会到早起的好处。也许，能多睡一会儿本身就是奖励（拥有这种观点很正常）。

虽然我已经习惯早起，但偶尔也会在闹钟响起时非常苦恼，在"起床"和"继续睡"之间摇摆不定。每到这时，我就开始衡量，不起床的损失，以及立马起床的所得与奖励。比如"现在不起床写稿子，下班就没有时间休息啦""现在起来运动，晚上才能尽情吃炸鸡"等。

另外，我还会在前一天晚上做好第二天的计划，其中就包括早起。因此，在四点半按时起床本身对我来说就是一种即时的肯定和奖励。

培养只属于自己的作息

人们常问我的经典问题是——

您真的在四点半起床吗？我很多时候连闹铃声都听不

05 凌晨四点半的起床法

到,您是怎么能做到的呢?

不得不说,大家可能对早起存在误解。在凌晨起床未必让人一整天都精神不佳。仔细想想就明白,疲劳的根本原因不在于起床时间的早晚,而在于晚睡早起导致的睡眠不足。

如果想养成早起的习惯,首先要打消人到起床时间就会自然醒来的错觉。起床困难与具体的起床时间无关,在闹钟响起的瞬间感觉身重乏力并不奇怪,这对任何人来说都是一样的。只要能维持规律的生活作息,早起就能变得舒服、容易一些。

想要安排轻松开启一天的作息,先得确定前一天晚上的睡觉时间。如果没有特别的事情要做,我通常十点前就睡了。只要起床时间和睡觉时间能固定,白天不论有多累还是能在第二天凌晨按时起床,晚上不论参加多兴奋的活动也还是能到点就生出困意。

和之前介绍的一样,不论是凌晨四点半起床,还是在闹钟响后五秒内起身、洗漱、喝热茶等,与开启崭新的一天有关的流程细节都是固定的。慢慢地,你就会形成只有自己的身体记得的生活节奏，也就是只属于自己的作息。

现在的我已经完全拥有属于自己的作息。我不再是偶尔早起，而是偶尔睡懒觉。只有一两天的坚持是无法形成长期习惯的，努力建立起在固定的时间起床和睡觉的生活规律吧。熟悉了这个基本模式，也就拥有了新的生活日常。

值得借鉴的早起习惯

和每天的工作一样，我会在生活的不同方面努力养成一个能长期坚持的习惯。

> 我在早晨五点起床，练习冥想后开始运动。
>
> 早上 7:30 前不碰手机。
>
> 确认完积压的事情后步行上班。
>
> 上班路上，我会听播客或有声读物。
>
> 醒来后的三个小时，都是我为自己投资的时间。
>
> 我会在早上静下心来。
>
> 坚持运动和学习，保持健康。

05　凌晨四点半的起床法

因为开启全新的一天就已是胜利,所以不管那天发生了什么事情,或者过得有多糟糕,我都会感受到满满的成就感。[7]

杰克·多尔西
推特首席执行官

06

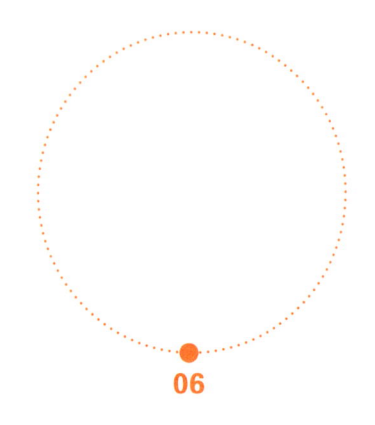

疲倦的不是凌晨,
而是你

06　疲倦的不是凌晨，而是你

早起的核心是早睡

总有人会问我：

四点半起床会不会睡眠不足？你的身体还好吧？

每当这时，我的脑海里不由得浮现出一个吃饱的人被周围人不断投喂食物的画面。这些好心问候我的人只关注了我的起床时间，却没在意我"几点睡觉"的事实。实际上，我能坚持在凌晨起床的核心正是被人忽略的"睡觉时间"。

在韩国，营业到深夜的商铺很多，但是早早开门营业的却很少。反观外国，街上有很多清晨五点就开始营业的咖啡厅、餐厅和面包店，而且经常能看到晨跑的人。难道这些人都饱受睡眠不足的折磨吗？答案当然是否定的。

是时候纠正认识误区了：影响健康睡眠的最大因素并非是起床时间，而是睡眠时长！一项美国的睡眠研究显示，成年人一天至少要保证七个小时的睡眠。然而，经济合作与发展组织（OECD）在2019年的一项统计显示，韩国人的平均睡眠时长只有6小时24分钟，在成员国中处于垫底水平。所以，比其他国家的人明显睡得更少的我们，真的要好好重视这个问题。

影响规律睡眠的因素除了晚起赖床，还有晚睡少眠。当然，难得一天睡眠不足并不会对身体造成很大的负担。不过，如果长期持续这种状态，睡眠负债堆积起来，不但会影响日常生活，还会导致消化不良、免疫力低下等健康问题。这一点，很少晚睡的我也深有体会。

06　疲倦的不是凌晨，而是你

那么，怎样的睡眠时间才适合早起呢？就我个人而言，每天睡七个小时就够了。不得不再强调一下，早晨型生活的开启并不在清晨，而是在前一天晚上。早起的本意不是压缩睡眠时间，而是把整个睡眠周期前移。

早晨型人通常拥有早睡的习惯。我一般晚上九点半就休息了，特别累的时候会更早，最晚不会超过十点半。有时不得已工作到很晚，睡觉时间推迟到了十一点后，那么第二天我就会酌情晚起，偶尔周末也会比平时多睡一会儿。以前在备考的时候，有时白天感到累了，我就会在中午补觉。现在由于工作原因，有时不得不频繁倒时差、跨时区出差，但即便如此，我也会想尽办法让自己避免出现睡眠不足的情况。虽然我想鼓励大家养成早起的习惯，但是早起的时间应该是灵活的，而不是不可变通的。根据自身状态和日程安排调整作息时间来确保充足的睡眠时间，是坚持长期早起的基础。

大家一定都有过这种经历，偶尔某天起得特别早，中午就犯困了。不少人会因此怀疑自己"可能不适合早起"。其实，在完全适应早起之前，中午犯困是很正常的现象。建议大家在这时不要强忍硬撑，睡个午觉就好了。比如，我在海外出差的时候，有时晚上睡不着，第二天中午就会犯困。遇到这种情况，我会抽空在下午三点前小睡20分钟。这时候的小憩不仅帮我恢复精力，还帮助我快速调整时差。好好睡个午觉，能帮助你更好地适应早晨型生活。如果某天早起的你不会在白天感到疲惫了，恭喜你，说明你可能已经习惯早起，可以慢慢"摆脱"补觉了。

总之，最好不要为了早起而缩短睡眠时长，那只会适得其反，影响早起的效率和作息的养成。保持充足的睡眠，并且身心感到舒适，才是健康的早起。

如果不能保证充足睡眠

如果你是上班族，可能时不时会因为聚餐、加班等安排忙到很晚，自然也就难以早早入睡。如果睡得很晚，最好不要像平时一样早起了，多睡一会儿更好。正如前文所说，要想坚持早起，最重要的是避免勉强。

如果经常因为晚睡而推迟约定的起床时间，就要严肃思考"早起的意义是什么"了。希望大家不是因为读了这本书而跟风早起,理解早起以及养成早晨型生活对自己的意义是非常重要的。

如果早起确实带给你积极的影响,实际操作时却一直失败,那么在确保充足睡眠的前提下,我们要认真研究能够做哪些方面的调整。要想一觉睡到自然醒或尽量减少醒来时的疲惫感,就要了解自己所需的睡眠时长、提前做好当天晚上的计划安排和第二天的日程规划,尽量保证每天能在比较接近的时间上床睡觉。检查这些环节中是否有能优化的部分,尽量满足迎接一个舒适早晨所需的各种条件。

以我为例。每天我会根据当天的状态设定不同的睡觉时间。如果没有特别的事情,晚上九点多我觉得困了就准备洗漱睡觉,这样第二天早上四点半起床时就能神清气爽。但如果白天喝了太多咖啡或当天有特别令人兴奋的事情让人没法平静,我就会等待自己自然有困意,一般不会超过11点。如果我很晚才睡着,第二天醒来觉得很累,有时我会再睡一会儿,有时干脆就先起床,在中午小憩或者晚上早点睡。

早起打破空心生活：我的一天从凌晨四点半开始

•

虽然我们制定了看起来很严格的作息日程，但需牢记，我们并不是机器人。早睡早起不是为了能在约定的时间睡着或醒来，而是为了养成良好的作息习惯，从而在忙碌的生活里拥有自己能支配的时间。即使影响早起的决定性因素是睡觉时间，也绝不要为了能在某个时间入睡而勉强自己。

最理想的做法是为约定的睡觉时间设置一小时左右的灵活区间，这样就能更好地根据每天的身体状态进行合理的调整。不过，设置灵活区间并不表示我鼓励不规律的作息。比如，今天晚上九点睡、早上四点起，明天凌晨三点睡、下午两点起，这就绝对不可行。哈佛大学曾对61名学生的作息习惯和在校表现之间的关系进行研究，结果显示规律作息的学生比不规律的学生表现更好。研究人员认为这可能与人体固有的生物节律有关。如果作息不够规律的话，可能会造成生物节律混乱，使这些学生在课堂上难以集中注意力。[8]

如果你还是无法有规律地入睡，又找不到原因，不如试着为睡觉创造一点"仪式感"吧。比如我，会在睡前点一支香薰蜡烛，舒服地泡澡、敷面膜、清洗眼睛，然后才躺上床。

06 疲倦的不是凌晨,而是你

就像用早起喝热茶、听音乐告诉自己新的一天到来了一样,我们也可以用专属的睡前"仪式"让身体知道到一天已经结束。

尽管失眠或晚睡常到受外部因素影响,其实有时自身原因也会干扰睡眠。根据我的经验,睡不着的时候最好别硬着头皮睡,因为抱着"现在睡不着就没法早起"的念头反而会让人压力巨大,适得其反。失眠时,为了不受到"尽快入睡"的自我催促,我会听一些有声读物或助眠音频,把注意力分散到其他事情上。

我很庆幸自己的睡前时光并不是玩电脑、玩手机,而是有仪式感地平静结束忙碌的一天,这让我的心情能自然放松沉淀下来,也就能很快进入梦乡了。

难得晚起不是失败

为什么我们明明朝着目标努力奔跑,但是遇到一点困难就认为自己已经"失败"了?大部分人都会用早起的收获来鼓励自己保持这个好习惯,但偶尔"睡过头了"并不足以判定自己失败。

首先需要纠正一个认知误区，早晨型人并不会每天早起。其实，感到身体不适多睡一会儿，反而能帮助我们好好度过一天。如果难得的晚起就对自己失去信心、自我批判，那很有可能永远都养不成早起的习惯。

这类晚起与其说是"贪睡""没完成约定"，我们更应该把它看作一种"养精蓄锐"。我坚持早起20多年了，虽然大多时候到点就能醒来，但这并不意味着我总是精神抖擞的。不得不承认，我们在努力朝着目标前进的路上，总会有感到疲倦的时候。

谁都会遇到连闹钟声都听不到的极度疲劳时刻，有时早上还好好的，下午却困得眼皮打架，但这些经历都与早早起床无关。我们要明白，早起的基础是睡个好觉。因为身体不适而多睡一会儿并不是失败，你更不需要为此自责。让自己尽量对早起这件事感到放松才有助于养成习惯。

在此分享一个调整作息的好方法。一开始尝试早起时，你可以试着只比平时早睡30分钟，比平时早起30分钟。如果一周下来熟悉了这种模式，第二周就可以继续再把时间提前30分钟。以此类推，直到能拥有想要的作息。用这种方式调节睡眠周期能让早起早睡都变得容易。

此外，比起要求自己每一天都在固定时间起床，我建议大家偶尔可以把闹钟往后调整30分钟，或者干脆在周末不用闹钟。你或许会欣喜地发现，自己摆脱闹钟带来的压迫感后，反而能"主动"到点醒来查看手机时间。

要知道，早起是为了能更好地利用时间，为生活带来正面的影响，它只是创造美好生活的一种方式。如果因此造成了心理负担或妨碍了日常生活，就要考虑重新找回属于自己的节奏了。

值得借鉴的早起习惯

我每天早上四点就起床。

起床后的一个小时，我喜欢思考来自公司外部人士提出的意见，尤其是来自用户的宝贵建议。
然后我会去健身房锻炼一个小时左右，运动可以缓解压力。
在开始确认工作邮件之前，我会去咖啡厅喝一杯咖啡。

如果你热爱自己所做的事情,就不会认为那是工作,而是一件特别平凡的事情。我正是这样找到属于我的幸运。[9]

蒂姆·库克
苹果公司首席执行官

07

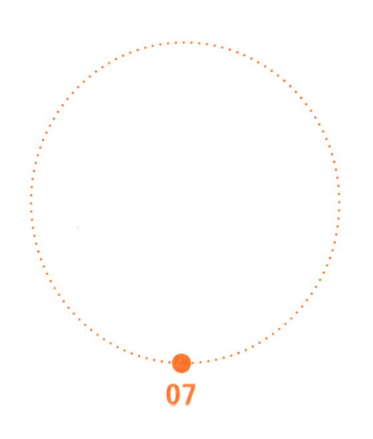

如果你想用好
早起的时间

不需要计划做大事

人们认为我在凌晨早早起床,是为了在早晨做有意义的事情,开启特别的一天,但事实远非如此。我几乎每天都在同一时间醒来,喝茶、做准备工作,开始忙碌的一天。我的日常生活就像说明书一样按部就班,日复一日。即使是每天见面的人、谈论的话题,也都相差不大。

但是,这样的生活其实并不无聊。因为看似一成不变的日程计划里潜藏着为生活带来改变的小事。早起之后,我会根据每天的情况安排读书、写作、游泳、爬山、打高尔夫球

07 如果你想用好早起的时间

等活动。成为视频博主后,我也会利用上班前的时间剪辑视频。你看,其实细数平凡生活中的闲暇时光,我们还是做了一些特别的事情的。然而,可能也正因为每天的日程如此稳定甚至"乏味",它们将零碎时间里做的小事衬托得有趣而特别,而我也从中找到了欣喜、激动的感觉。

成功养成早起习惯给了我改变人生的勇气。看着日程计划里一下子"多"出来的时间,我自然而然地就想要好好利用这些时间提升自己。依着兴趣,我开始尝试以前不敢多想的事情,我去学习了爵士舞、参演了音乐剧,还顺利完成了瘦身计划。我的人生似乎变得有不可思议的乐趣。

其实,只要脚踏实地地实践改变自己的小事,不论过程顺利与否,都能得到反馈和收获。你将从中发现一个崭新的自己,并且逐渐进入越做越好的积极循环。成长有时候只在于自己有没有尝试的勇气,很多事情最难的也许只是跨出第一步。

仔细想想,做出行动并不一定要有特别的动机。比如,成长就不需要有特别的契机或理由,早起亦然。没必要被"早起为做大事"的想法所束缚。早起的时间本就是属于你的奖励时间，你可以随心使用。要强调的是，在早起的时间里，重要的是拥有"早起"这个开端，而非你做了什么事情。

你或许不信，早起能带动生活习惯的改变。即使你并没有做特别的事情，也会慢慢过上与现在截然不同的生活。

那些看上去好像没什么意义的小事情，可以让你找回自信，找到把握生活的感觉，帮助你成为更好的自己。我就是这样明白了自己比想象中要好得多的事实。

早起带来的改变还不止于此。它将重新定义追求的价值，我们身边的机会将悄然发生变化，那些你一直在寻找的好习惯、目标、梦想等也会向你奔赴而来。

或许书前的你看到这里还有些迷茫，我将在随后的小节抛砖引玉，介绍自己利用早起闲暇时间的方式方法，希望能带给你一些启发。

处理积压的事情

相比下班后拖着疲惫的身躯加班，我更倾向于在早起神清气爽的状态下处理工作。如果早上就能提前处理好业务，

07　如果你想用好早起的时间

就可以避免慌乱地度过一天。同样是"工作",因为事务堆积而加夜班只会使人心情不悦,但在凌晨工作能让人感受到提前完成工作的幸福感。

我曾在前文提到,自己在念研究生时也没放弃实习工作。当时,除非需要参加重要的审判或去见委托人,否则我都会在家办公。当时,我的工作时长达到了约30小时/周。虽然我最初只是想找一份实习,但是考虑到自己还有一个学期就要毕业,而自己的工作经历还非常有限,所以我说服自己克服困难、尽己所能地多积累经验,努力坚持了下来。同时,这段兼职经历也让我明白亲身实践比学习理论更有意义。

除去兼职,我几乎把所有时间都投入在学习上。那时,除了常规的听课、做课题、准备每周测试,我还要参加志愿活动,以及各种模拟审判和协商大会等。现在回想起来,我也惊讶自己竟完成了这么多事情。其实,我的初衷无非是不想忽视任何一件事情,更不想错过每一次机会。

当时每个周日的晚上,实习律所的上司会发一封邮件给我,告知我下周的工作安排以及急需提交的调查课题。我会像小时候一样边写边念出明天的日程计划,比如"明天要参加重要会议，还有很多课程……"，然后开始整理明天第一节课的作业，并争取在课前提交给助教。

是早起让应付忙碌的生活成为可能！如果早上四点半就起床，距离第一节课开始就还有四个小时的自由时间，前两个小时我可以用来阅读判例和相关法律，剩下的两个小时就用来整理自己需要处理的案件。于是，我很自然地做好了课题，完成了上司交付的任务。即使案件特别复杂，需要花更多时间梳理材料，我还是会提前把自己整理好的内容发送给上司。如果他对此有疑问或其他要求，我就再作补充。

虽然，我已经有不少凌晨工作的经验，但我其实并不喜欢这样。不过，凌晨工作的优势很明显，那就是能尽量避免拖延。毕竟在法律人的共识中，时间观念极其重要，一旦违反约定，个人信用就会大大地降低。多亏这份实习经历带给我宝贵经验，我在成为企业律师开始正式工作后，也养成了在上班前处理紧急工作的习惯，这让我能在工作时随时应对工作汇报与询问。

由于凌晨同事们还没有上班，所以这段时间我无须应付邮件，可以静下心来处理能独自完成的简单业务。假设上班时候要做的业务有十件,而在我上班前就已经完成了两三件;上班后,由于时间相对充足,工作不会带给我很大压力,于是我就能不紧不慢地处理剩下的任务,完成度和效率也相对得到了提升。因此,我对自己的工作总是自信满满的。

我并不怀疑有人不认同这种做法,他们觉得与其在凌晨工作还不如多睡一会儿。其实,我的做法只是源于自己的经验教训,想必上班族们都有这种体会:逃避工作只会带来压力,拖延没法为你解决问题。因此,面对蜂拥而来的业务或有把工作做得更好的想法时,提前开始工作能带来很大的帮助。此外,由于不是在公司办公而是在家里,我们还可以听自己喜欢的音乐,让自己在完全舒适、放松的环境中工作,这不仅能提高工作效率,还能使人心情愉悦。

去运动吧

我常听到人们说"律师总是精力充沛的",我把自己精力旺盛的秘诀归功于运动。我尤其喜欢晨练,因为早早完成每日运动，下班后的时间就变得相对充裕了。

这里可能存在一个认知误区——在早晨运动会使人一整天陷入疲劳。事实上，用运动开启一天比用读书更能让人神采奕奕。在睡眠充足的情况下，早起并不会影响人的身体状态，因而做适量运动不会增加身体负担反而让人觉得脚步轻盈，专注力也能随之提高。已经有多项研究表明，晨练能让人当天的认知水平和体能保持高位。我会在自己认为特别重要的日子积极参加晨练。以前备考时，我还会特意在考试当天晨练，因为我深刻明白运动给人带来的益处。

早起运动对瘦身减肥同样有效。曾有一项调查探究1854名成年人的作息时间与摄入食物之间的关系，结果显示相较于夜晚型人，早晨型人在上午十点前会多摄取4%的卡路里，晚上则不再多摄取糖和脂肪，因此他们肥胖的概率也比较小。[10] 结合我自己的经历，因为坚持早起运动，我曾在三个月里成功瘦身十千克，并且将这个体重保持了四年之久。相信我，如果你体验过健康地度过一天，就会对健康地生活下去充满期待与憧憬。

早起运动带给人的欣慰之情无法言喻。如果你一开始只

07 如果你想用好早起的时间

能运动二三十分钟,随着你逐渐变得游刃有余,你会发现自己慢慢能够掌握运动的节奏,找到体能与耐心之间的平衡。这在无意中也磨炼了自己的心性。

如果你还没想好早起要做什么,我想向你竭力推荐早起做运动。每个人可以根据自身状况和工作情况找到适合自己、能坚持下去的运动方式。如果你刚开始接触运动,比起去健身房或用高级运动器械,选择适合自己的更重要。比如,我没时间去健身房就会在家骑室内自行车,一般蹬40分钟后再做10分钟拉伸,然后去洗澡。不论是骑车,还是打壁球、游泳、慢跑、瑜伽等,只要是适合自己的都可以尝试。

我个人特别推荐早起游泳。上学时,我为了成为游泳队队员,参加了大量在凌晨组织的游泳训练。游泳是一种全身性运动,能在短时间内调动人的全身肌肉、提高心肺功能。另外,在水中活动也能尽量减少关节的负担,所以游泳是一项相对安全又全面的运动。

不要犹豫,大家一起早起运动吧!马上你就会感受到身心发生的变化。

晨读改变的生活

以前我并不喜欢读书。因为我的阅读速度很慢，加之作为法律人，不论是学习还是工作都需要查阅非常多的文件材料，所以休息的时候我就不大愿意再看文字了。不过现在的我非常喜欢早起看书。

如果你有平时读不进去的书，不妨试着让它成为早晨的阅读书，它将带给你一种奇妙的阅读体验，好像自己读了一本完全不同的新书。同样地，如果你在早晨重新阅读了昨天下班路上读过的书，也会有新的理解和新的发现。

阅读的好处自然不用我多说。书籍能帮助人们跨越时空界限，去体验陌生的世界，去认识生活圈子之外的人，了解他们的想法和生活。在阅读中积累见识、与书中人产生共鸣时，我常忍不住感慨反思。

阅读也给予了我启发，让我树立了新的目标。某次我随手翻到了一本关于视频剪辑的书，因为好奇就跟着书本操作，而后"歪打正着"成了视频博主。我读完《走路的人》后，也给自己定下了一个大目标：总有一天我要从蚕院洞徒步到机场。受《我是否能突然想到赚钱的方法？》的启发，我还尝试注册了以前只敢空想的专利。

如果早上读文字类的书让你觉得过于严肃，不妨选择读轻松的图文随笔。读类似《瑞安，陪伴我左右吧》这样的绘本，既能欣赏有趣、治愈的绘画，又能很快读完篇幅不长的文字，很容易在阅读中得到满足感。

如果你热爱电影，还可以从经典电影的原著小说读起。虽然你已经很熟悉某部电影，但读原著或许能让你对故事产生全新的认识，收获另一种感动。我最喜欢的电影是《阿甘正传》和《当幸福来敲门》，原著小说我已经看了好几遍，但依然时读时新。

偶尔我也会在二手书店买教科书读。如果想了解美术、音乐、艺术等以前没怎么关注的学科，教科书是不错的入门选择。因为这些书是专为学生准备的，语言相对来说通俗易懂、内容也非常有趣，我经常会在书中发现以前没注意到的惊人知识。

如果你确实不喜欢看书，不妨尝试轻松地喝杯茶、听听有声读物。有声读物的应用软件一般会有免费体验期，你可以趁着这个机会挑选合适的有声读物平台，比较里面的入驻作品和配音演员，从听自己喜欢的有声作品开始养成这个习惯。

关于养成晨读习惯，我还想分享一点个人的经验体会，那就是阅读时要尽量避免产生把书读完或者听完的想法。早起的时间是赠予我们的闲暇时间，没有必要强迫自己去完成什么任务。如果抱有执念，也许就很难在这段时间里让自己得到真正的放松和疗愈。如果能不做过多要求、遵从内心的声音去听自己喜欢的音乐、读喜欢的书，相信我们的身体也会记住这些闲适美好的体验。

晨读让我们能以平和的心态收获知识，摆脱"噪音"干扰与思想的桎梏，自然而然地体会到世间万物的涌动。当你发现自己通过阅读获得了成长，想必也能体验到巨大的成就感吧。

从凌晨开始的兴趣爱好

我对很多事物都抱有好奇心，总忍不住想尝试挑战一下，但由于之前过分专注学习而错过了很多发展兴趣、享受爱好的机会。工作后我终于有了更多属于自己的时间，尝试做了很多领域的新鲜事儿。其中，我在剪辑视频、管理优兔网（You Tube）频道方面花费的精力最多，当视频博主也已经坚持两年啦。

最初我几乎没有想过拥有自己的优兔网频道。故事的开端是因为公司的午休时间从一个小时延长到了两个小时。我想好好利用这"从天而降"的时间，于是就想给自己找一些事情做，然后机缘巧合地翻到了视频剪辑的书。

刚开始我只是在午休时间一边看书一边练习剪辑，后来由于兴致越发浓郁，就干脆购买了专业的视频编辑软件。我竟然逐渐从专属的凌晨两个小时、中午两个小时以及下班后的一小时中抽出时间练习。我，就这么开始沉迷于剪辑视频了！

后来练习多了，使用现成的视频素材逐渐没法满足我的剪辑需要了，于是我干脆开始亲自拍摄。在和视频打交道的过程中，我关注到了优兔网。当时优兔网平台上还没有很多博主，我觉得分享在美国成为律师的经历可能会吸引人们的关注，就开始在自己的频道上传亲自拍摄并剪辑的视频。

管理自己的优兔网频道属于工作之外的额外"追求"。

刚开始的时候这并不轻松，视频反响也一般。为了制作高质量的视频，我甚至还购买了相机，自学摸索运镜技巧。由于都是在凌晨拍摄和剪辑，所以并没有影响正常工作，而我的生活竟变得格外充实起来，因此我才能下决心坚持下去。

虽然我以前对摄影没什么兴趣，但亲自参与录制和剪辑后，我觉得这个过程非常有趣，还真实地体验到了把零散素材制作成精彩视频的快乐！我也开始积极构思视频的主题和内容，常会制作视频日志（VLOG）放在自己的频道。某一次，我非常坦诚地拍摄了自己凌晨四点半起床度过专属时间的视频，没想到上传不久竟成为平台的热门话题。很多人看到视频给我留言，说会跟着我一起早起改变生活。我真的不敢相信，自己的视频竟然给大家带来动力。

这份经历让我意识到，自己其实喜欢做内容策划和拍摄剪辑。后来，我还抱着很大的热情参加短片电影节，虽然没能获奖，但是通过参赛发现了一个不曾了解的自己。我好像捕捉到了让人生有意义的瞬间，并对此心怀感恩。要知道，我只是非常偶然地接触了视频剪辑，凭着兴趣坚持了下来，我的生活却出现了如此多积极的变化。

07　如果你想用好早起的时间

当下的时代，只要你愿意就可以在线上或线下找到非常多样的机会和体验。如果你还没想好早起后自己要做什么，可以试着挑战自己擅长的领域，比如与特长相关或者工作相关的事情。由于人们通常非常熟悉这些内容，所以很快就能获得一些成绩，有时还能带来意想不到的收获。

你也可以围绕兴趣爱好做一些相关的尝试。如果你喜欢摄影，钻研图片编辑技术就是个好方向；如果你喜欢读书写作，可以尝试创作、投稿，甚至出版自己的书；如果你拥有出色的想象力，在网上写博文、写故事也能成为你的爱好。就算刚开始结果并不理想，但随着技能的熟练和兴趣的加持，相信你很快就会得到反馈与收获，激励你坚持下去、越做越好。如果你的坚持碰巧又得到了大家的喜欢和关注，说不定还能就此为自己开拓副业呢！

如果你实在没有想做的事情，或许可以"另辟蹊径"挑战完全不感兴趣的陌生领域。偶尔我也会去尝试一些没那么喜欢的事情。但这类尝试并不是想要试探自己能做得多好，而是给予自己一些可能性去发现自己新的能力，从而发现未知的自己。

小尝试带来大收获，我的经历或许就可以这么概括吧。从练习剪辑开始，我慢慢有了自己的优兔网频道、参加了短片电影节，还即将出版自己的书。我愈发相信，早起也许真的有改变生活的魔力，即使一开始你并没有具体的目标，只是想在平静的清晨缓解压力、放松休息。但相信我，只要你能坚持早起，好好享受这段时间，你就会发现自己逐渐对如何利用这段时间有了想法和憧憬。

凌晨的惊人学习力

说实话，成为律师后，我曾以为自己再也不需要学习了。但今天我们立足在一个不进则退的时代，工作后就不用学习的观点无疑是一个离谱的思想误区。

学习是人生无止境的课题。无论是对公司还是对个人而言，停止学习就是停止了发展。想必即使是有稳定工作的上班族，也难以消极应对提高业务能力所需的学习与进修。所以，你也可以趁着早起的机会，深入钻研自己的专业。

成为律师后，我在努力提高专业能力的同时，也没忘记

07　如果你想用好早起的时间

拓展其他法律方向的知识。每次看到感兴趣的新闻事件，我都会思考美国是否出现过类似的案例，韩美两国法律对此是否会做出不同的评判。然后顺手在记事本上快记下来，等到第二天的凌晨为自己寻找答案。

其实，与工作无关的知识也在我的学习清单上。去年我买了日语教材，几乎每个早上都在自学日语。之前我已经自学完了基础西班牙语和基础汉语，还自学得到了红十字救护员证（CPR）和其他一些资格证。

成为视频博主后，我为了能更好地运营优兔频道，学习了剪辑、图片处理技术和视频拍摄技术，还去了解了有关影像和音乐的著作权法，以及应对恶性回帖及诉讼的相关法律。最近我又开始关注犯罪心理学，起床后就开始抽空学习，为深入了解犯罪侧写，我还专门申请了大学里的研究生项目。

说真的，如果以前我没能好好把握凌晨的时间学习，恐怕也就没有今天的金有真律师了。从小到大，我都不算头脑聪明的学生，自学习能力也一般，完全属于努力奋斗的类型。也正因如此，无论做什么我都会全力以赴。不过，我也非常明白努力并不意味着成绩会无限制地提高（否则我应该会成为全校第一吧），客观认识情况并拥有良好的心态，和单纯的努力一样重要。但凌晨确实给予了我及时的肯定和希望。

凌晨学习有一个好处，就是能在一天内实现多次学习。如果你在晚上学习，即使学到深夜，睡一觉第二天醒来大概率已经把学的内容忘得差不多了。但如果你能在凌晨预习新知识，经历了白天的学习操练以及晚上的复习后，同样的知识相当于学习了好几遍，也就更容易被记住了。念研究生时，我就利用这个方法选了很多早上8点的课。

此外，凌晨学习还可以缓解焦虑。很多学生在临近考试或课题项目结案时，常因时间不够而倍感压力。其实，如果能早起学习，就能体会到每天都有充足时间学习的安全感了。此外，由于凌晨的时间安静又没有打扰，学习的专注力和效率都会提高，能极大地减少失误。这样，按时完成每天的学习或工作计划就成为了可能，焦虑感也能得到缓解。

凌晨学习还有额外的好处。由于每天的学习计划提前了，在保证学习时间的前提下，留出一些时间用来午休或者运动也不会让人觉得为难了。

07 如果你想用好早起的时间

我在这里谈论的学习不光指学习知识，搜索并掌握新信息也是一种学习的形式。当然，询问熟人或专业人士或许是更方便的获得信息的途径。但如果能亲自查资料、解决疑惑，你会对这样获得的知识印象更加深刻，日后再遇到类似的问题也不会感到慌张。

其实，不论是什么类型的学习，考研、申博还是考各种资格证书，如果你发现自己不断地由于各种原因推迟晚上的学习计划，不妨就尝试在凌晨学习吧。虽然选择适合自己的学习方法和节奏很重要，但如果连学习的时间都没有，又如何去谈论这些之后才有的事情呢？毕竟，忙碌的白天已经让人非常疲惫了，虽然很多时候大家都在做内心的挣扎"只要回到家，应该还能继续学习……"，但实际上夜晚的你可能在泄气、疲劳和没完成的计划中度过。所以，试着早起学习吧！或许这是当下最有效的解决方案。如果早起能让你一天多做一两件事情，即使它们与学习或工作无关，也能让你更加自信。

值得借鉴的早起习惯

我每天四点十五分起床,醒来后第一件事情是将电子设备调成飞行模式。在早晨结束之前,一般我都不会去查看自己的手机。相比阅读,我更注重运动和思考。

> 阅读会令我立刻陷入别人的思绪,
> 那样我的注意力就会被分散。
> 所以,我更喜欢在安静的早晨独自思考,
> 这不仅能补充能量,还能调整心态。
> 宁静、舒适的早晨为我的一天打好了基础。

在日新月异的今天，比起经营好一家大规模的公司，我们更应该花时间和精力来梳理自己的思绪。[11]

鲍勃·伊格尔
迪士尼前首席执行官

08

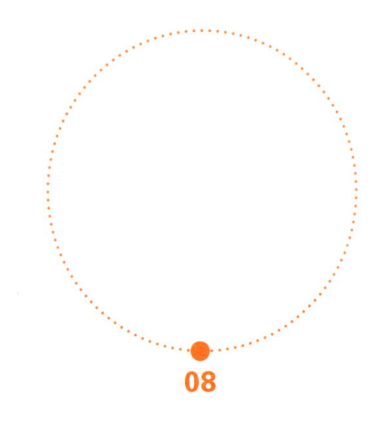

早晨型人

如何度过周末

08 早晨型人如何度过周末

周六是另一个奖励时间

很多人好奇,平时早晨四点半就起床的我会怎么过周末?通常,周六早上我会在五点左右起床。由于已经习惯早起,四点半左右我还是能照常醒来。不过考虑到是周末,我会抱着"好好睡一觉"的想法再躺一会儿。但即使当天没有特别的安排,我依然不会太晚起床。

对我来说,周六是另一个奖励时间。因为免不了有工作太忙挤压专属时间的情况,所以我会在周六尽情做自己喜欢的事情,剪辑视频、读没看完的书、处理没完成的工作,或者做一些要在连贯时间里集中精力完成的事情。

有时，我也会在周六体验一些平时很难抽出时间做的事情，比如跳舞和做普拉提。天气好的时候，我还可以去爬山；天气不好的时候，就去打室内高尔夫；如果没有特别的想法，那就去游泳。

工作日没来得及见的朋友，我也会约他们在周六碰面。我特别喜欢和朋友一起看早场电影，不仅可以享受折扣，还不用担心喜欢的观影位置已经被人预订。

当然，刚开始愿意在上午见面的朋友很少，但是尝试过几次后，大家也都慢慢喜欢在周六早晨出门。毕竟看完电影、吃完早午饭，告别后回到家也才不到下午一点。回家的路上，还可以顺路去逛书店或去超市采购物资。

周六的晚上，我一般会整理书桌、打扫房间、收纳衣物，让过去的一周以整洁的形式收尾，让新的一周能在干净的环境里开始。做家务，不仅能令人心情舒畅，也为周日留出了放松休息的时间。

把周六过充实是我在研究生期间养成的习惯。因为当时还在上学，经济条件有限，虽然许多同学都买了代步车，但为了节省保险费、油费、停车费等费用，综合考虑时间因素，我还是坚持走路或打车。除非有特别需要，我才会在网上租一辆汽车。为了避免堵车超时产生额外费用，我会特地错开高峰时段出行，因此也就养成了在周末上午外出的习惯。也许你还不知道，周六的早上不论去哪里都不会有太多人，不但路上不会堵车，买东西、吃饭更不用排队等待。慢慢地，周六早上聚会的习惯也就一直延续到了今天。

刚回韩国工作时，为了奖励辛苦工作的自己，我会在周末尽可能多地和朋友见面。毕竟，如果没有特别的事情，自己也只是躺在床上玩手机虚度时间罢了。与其认为当下一定要休息，不如抱着充实度日的想法好好享受周六。

尽管我的工作日看起来安排得满满当当，周六也过得忙忙碌碌，但总体来说周六并不是我用来弥补工作日"遗憾"的时间。如果尚有余力，我也会去做一些新鲜的尝试。

到周六为止，一周里想做的事情、该做的事情都已经完成得差不多了。

好好休息的周日

与充实精彩的周六不同,周日是休息放松的日子。如果周日醒得很早,我会躺在床上看更新的电视节目或查看社交网络动态。因为醒得早饿得也早,所以我在八点前一定会吃早餐(由于早起顺便养成了按时吃早餐的习惯)。

周日上午,我会去教堂做礼拜。结束后回到家,我一般会亲自下厨给自己做饭,无意间也锻炼了自己的厨艺。我经常做喜欢的韩餐,比如炒年糕、糖饼和烤肉等,有时也会做轻食,比如煮玉米或红薯等粗粮。饭后我就完全放松下来,不做另外的安排了,好好享受闲暇。

无论这一周过得有多艰难,如果能悠闲地过好周日,情绪就能得到释放,从而为开启新的一周养精蓄锐。即使遇到了进展不顺利的事情,也暂时放下愁思调整好心情吧,因为明天还可以继续努力。

值得借鉴的早起习惯

如果你在醒来时觉得未来会更好,那么新到来的一天就是个好日子。

> 我每天只睡六个小时,早上七点起床。
> 醒来后的第一件事情是
> 花半个小时时间回复重要邮件,
> 然后喝一杯咖啡。
> 因为早上回邮件就已经很忙,
> 所以我一般不怎么吃早餐。
> 送五个儿子去上学后,我再去上班,
> 上午我会参加一些设计和工程会议。

制定日程时，我们应该冷静地决定优先顺序，集中于噪音释放的信号，不要把时间浪费在没有令客观情况好转的事情上。[12]

埃隆·马斯克
特斯拉首席执行官

我逐渐
成长的方法

第三部分

09

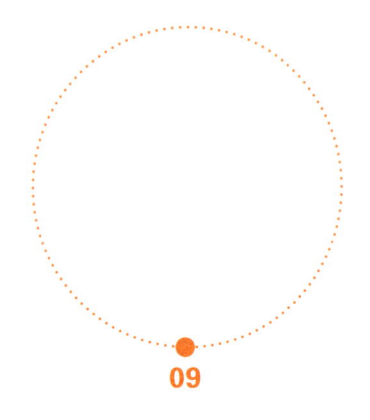

管理自己，
而不是时间

09　管理自己，而不是时间

时间是无法管理的

人们常认为我在日常生活中是自律的人，应该也很擅长管理时间。实际上，我并不理解通常意义上的时间管理，想到要在规定时间内完成一件事情就觉得很头疼。我不知道该怎么精准估计做完一件事情需要多少时间，也不知道该如何为这些未知的事情制定具体计划。

最初我也尝试过时间管理，但是没能坚持下去，总是在临近时间节点时忍不住想"要是再有30分钟就好了"。做事仍没什么效率，时间仍在白白流逝。

所以，我现在不再管理时间，取而代之的是进行自我管理。我每天都会用心关注自己的成长，每完成一个目标就给予自己一份有意义的奖励。毕竟不论做什么事情，坚持下去需要拥有完成目标的动力。

凌晨四点半起床后，我会让自己尽量保持一种放松的状态，想象自己有从容完成任何事情的能力。即使偶尔有一天需要临时加班或参加聚餐，我也无须推延什么确定的安排，更不用为此感到烦恼。因为想做的事情大多在白天已经完成，下班后的时间可以根据情况随心支配。

有时，人们认为提升自我需要"满足条件才能实现"，但实际上自我管理不一定非要有时间或经济上的宽裕。

我经常会在生活的间隙（比如凌晨）做平时觉得不重要的小事，让自己体验改善生活带来的乐趣。一段时间后，不满足于此的我就开始想办法更有效地利用时间，让自己能多感受一些快乐。如果你正觉得自己无事可做而时间又在白白流逝，为什么不趁这个机会学习管理自己呢？

习惯创造机会

在此之前，我们讨论的都是早起的好处以及如何利用早起的时间。在接下来的篇章里，我想简单讲讲我的个人经历，分享看似是题外话却仍有关联的管理人际关系、突破瓶颈等问题的方法，也就是大家常说的自我调节和自我管理的经验。

我在早起后的时间里尝试过各种各样的事情。不过，我并不是为了实现某个具体的目标，更多的是为了维持健康的生活状态，更有意义地用好自己的时间，主导属于自己的生活。也因如此，我在不知不觉中培养出了多个身份：游泳选手、拥有美国两个州律师执业资格证的律师、拥有15万订阅者的优兔网博主，以及这本书的作者。但以上并不是我的终点。

撰写本书的过程中，我逐渐有了做策划师的想法，所以也开始做一些相关的设计工作，甚至正在了解注册设计专利的方法。随着我的优兔频道关注人数越来越多，我还接到了不少广播邀请和广告咨询。生活就这样为我开启了一扇意料之外的大门。虽然不知道明年会有怎么样的发展，但不可否认的是，长期坚持自我管理至少让我养成了不少好习惯。如你所见，这些习惯逐渐为我带来更多新的机遇。

培养好习惯的核心是专注于自己。相比于与他人的约定，我们更应该优先遵从与自己的约定。同样地，尽可能多地倾听内心的声音，而非让外部的声音影响你。你只须花费2—3周时间，尝试把注意力放到自己身上，就会发现生活从自己被什么推搡着度过每一天，变成由自己决定生活的节奏。我们也逐渐能对事情的轻重缓急拥有自己的判断。之所以建议用2—3周的时间，是因为这是养成习惯、强化意志所需的最低时间要求。

以上可能是一种相对理想状态下的情况。在尝试过程中，你也有可能遇到超过预期时间，生活却还未改变的情况。比起崩溃和焦虑，我们更需要冷静地思考自己真正想要的是什么，是不是能做出更好的调整。出现问题时，尽量不要让情绪覆盖理智的思考，这同样也不利于好习惯的养成。相比早起运动，如果你发现下班后和朋友见面喝酒更幸福，那就这么做吧。如果喝热咖啡看书只会让你感到孤独，那就看一眼手机有没有新消息提醒吧。有时也许我们真正需要的不是自我提升，而是友情。

如果你想试着改变人生，无论一开始设置了多小的目标，也要尽量避免对此抱有"试一下就能成功"的期望。毕竟，听多了别人的建议容易产生动摇，而侥幸心理多了容易蒙蔽初心。提升自己之初需要踏实做事，机遇会在不经意间悄然而至。届时，平静地等待慢慢有长进的你，需要做的只是抓住它，不要错过它。

值得借鉴的早起习惯

我每天6:20起床，早上会喝一杯卡布奇诺或热茶，然后运动50分钟，在吃早餐前我还有20分钟的冥想时间。

> 早晨冥想是为了度过美好的一天，
> 这是为开始新的一天做好精神上的准备。
> 无论身在何处，我每天都会找合适的地方调整呼吸。

因为闹钟的响声会让我感到不安,所以我选择安静地开启新的一天。不管是仰望升起的太阳,还是观察围绕在树上的雾气,我都会从中感受到自我在大自然中的存在。我的早晨,我所享受的、拥有的不是推特(Twitter),而是真实的"叽叽喳喳"的鸟鸣声。[13]

奥普拉·温弗瑞
美国著名主持人

10

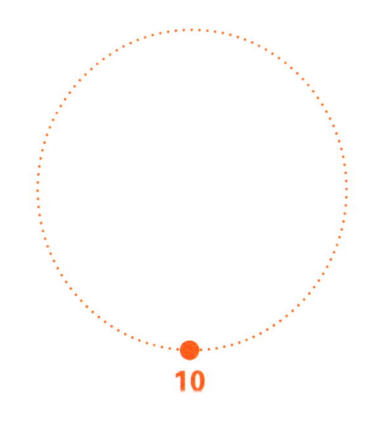

成长是孤独的

孤独是专注自身的信号

小学二年级时，我随家人从韩国搬到新西兰。在此之前，父母在韩国为我创造了非常好的成长环境。我当时就读于一所私立小学，课外还学习绘画、钢琴、游泳和滑冰，父母对我非常宠爱，我也结交了很多好朋友。或许是从没有辛苦过，当时的我认为生活中的一切都是理所当然。

只不过，到了新西兰之后一切都变了。新西兰在气候、教育、习俗等方方面面都与韩国有很大不同。刚到新西兰的学校时，不用学习、不上补习班和没有作业的环境让我觉得

10　成长是孤独的

很陌生，也莫名惬意。

不过这种放松的自由只是暂时的，不久后我明白这种特殊的"自由"源于自己是外国人这个事实。因为英语不好没法跟上课程，所以大家都默许我可以在课堂上玩玩具，我也因此受到了同学的排挤。由于一开始我听不懂当地的英语，有的同学毫无顾虑地用英语向我说一些不好的词。有一次因为妈妈给我准备的泡菜炒饭有同学们没闻过的气味，他们居然当着我的面吐口水，还偷偷把我的盒饭扔进了垃圾桶。我在韩国被大家称赞漂亮的裙子和亮晶晶的鞋子，在新西兰却成了笑话。

不过，当时我并未选择与他们争吵，只是小心地躲开。虽然自己无事可做，有的是时间和精力，但我不想与他们起冲突，相信不反抗大概率会没事。其实，我也曾因害怕带头的同学而向老师请求帮助，结果却被他们倒打一耙"是有真先打人的"，而我因为表达能力有限无法为自己解释。为此，我不止一次被叫到校长办公室。

最早只是同班同学这样，后来全校的学生都开始讨论我的一举一动，我的英语发音、我的亚洲长相、我中午吃了什么、穿了什么衣服等。不知是否因为自己当时总是躲闪别人的目光，我被孤立和排挤的情况越来越严重。

那时候的我没有任何自信的资本。我一直不停地质疑自己为什么个子矮，不是金发白皮肤，英语还很差。为了尽量在人群中避免显眼，我开始模仿同学的打扮和举止，逐渐失去了自我认同感。

这段经历对我的影响很大。虽然后来我转学在新学校交到了朋友，但是我无法轻易对人敞开心扉了。后来，父母由于工作原因往返韩国和新西兰的频次增多，综合各种因素我开始了孤身一人在异国的寄宿生活。父母希望我在新西兰能学好英语，过好独立生活。我的生活就此从被爱的人生变成了与孤独斗争的人生。

从那时开始，我人生的首要任务就是找到克服孤独的方法。对我来说，孤独就好似针般的存在。如果用针刺我，我会因此流血和疼痛；但如果用针缝破了的衣服，破洞会被缝合。孤独的道理也是如此。如果我把孤独视为一种不好的状态，只会就此沉沦，但如果我能领悟到孤独带给我更多的空间和时间，我可以借此充实自己，也就找到了排遣孤独和自

10 成长是孤独的

我提升的方法。我逐渐养成了独自行动的习惯。

不知从何时起,人们对我的印象是"一直在忙碌的人"。上学时,我没有在任何一个群体里活跃过,这一点和我的朋友们都不同。虽然我的情商正常,但比起与朋友们分享交流,我似乎更享受在独处中成长以及从中收获成就感。

如果我说自己从未感受过孤独,那一定是谎言。但无论是怎样的孤独,只要熬过那段时间,我就会像什么事情都没发生过一样打起精神。我也曾被孤独牢牢抓住过,深深陷入反省并大受刺激。但我知道,那种孤独不再会令我痛苦了,它只是为了让我专注于自身而释放的信号。

如果你现在感到孤独,或者它时不时出现让你难以忍受,请一定不要忽视这种感受!这是孤独向你释放的信号,也许你该关心一下自己,把注意力放在自己身上了。

不要害怕一个人学习

十多岁时,我曾梦想成为艺人,跑到全国各地去参加练习生面试。成为练习生后,我第一次接触舞蹈就深深地爱上了它。虽然因为各种原因放弃了当艺人的梦想，但舞蹈的魅力和带给我的冲击仍令我记忆深刻，所以上大学后我决定继续学习舞蹈。当时不知道为什么，觉得一个人去舞馆很不好意思，所以说服了一个朋友与我结伴去上舞蹈课。

与抱着轻松的心情来体验跳舞的朋友不同，我提前30分钟就到舞馆开始练习，越练越着迷。我的学习目标很明确，熟悉全部动作并且帅气地完成结课视频的拍摄。所以，我尽自己最大的努力在练习。我的朋友学了几次后，觉得自己不适合舞蹈，很快就对此失去了兴趣。她常在下课后问还在练习的我："早点结束出来吧？我请你吃饭。"

这让我很为难。如果拒绝我的朋友，她可能会有些难过（毕竟她是陪我来学习的），我心里也会过意不去。但如果早早结束练习、和朋友去吃晚餐，我会因为没完成与自己的约定而内疚。内心挣扎几次后，我就不再和朋友去学跳舞了。

有时候人们很害怕独自学习的场合，过去的我就是这样。我有时候很依赖同伴，花了很长的时间才习惯一个人去健身房和补习班。有时即使有了学点什么的想法，转念一想自己不是一个人去上课，又莫名觉得不好意思，这个想法也

10 成长是孤独的

就此搁置。为了能和朋友同时开始学习而错过学习的情况,在我身上已经发生很多次。

我很晚才明白过来,学习和进步的过程或许本就是孤独的,是一个人自己的事情。有兴趣想了解一点皮毛的人与真诚想学好学深、提升自我的人,拥有完全不同的学习态度。如果你只是想尝试新的消遣方式,那么和朋友一起开始确实能让你更快地进入状态;但如果你是想认真挑战一个目标,就要自己静心开始学习。因为只有这样才能不被他人的意见左右,心无旁骛地找出能做好并且能做得更好的方法。

●

其实,走一条陌生的路本来就会让人产生不安、疑惑、否定等消极的情绪,但重要的是我们该以怎样的态度迎接它。以征求意见为例,觉得理想遥不可及的人也许会告诉你"这个分数对你来说不可能做到""这是非常困难的事情,不要浪费时间了""考虑问题现实一点"。相反,那些已经获得一些成功的人或许会告诉你"不试试怎么知道结果""一定要勇敢""暂时休息一下,但不要轻易放弃"。

在实现梦想时，我们总是习惯性地向前人看齐，似乎从中能获得一些启示和心安。在找到他人成功的经验或"攻略"后，总忍不住拿自己与对方进行比较，只要找到一点不同之处或不足之处，就对自己失去了信心。为自己找一些诸如"条件不如他""考试分数比他低""没那么多时间准备"等借口，为自己莫须有的"失败"寻找理由。我倒是常因为设定了周围人看来不现实的目标或梦想，成为大家爱劝说的对象。上学时，我曾作为游泳选手参加很多比赛。某次赛前，一个没参加过游泳比赛甚至不会游泳的人，听说我想拿第一名，就对我说："你的身高和体格都不占优势，没有什么可能夺冠。"我决定参加鉴定考试时，周围人以我只在韩国上过一年学对我进行多番劝说："你以为那是容易的考试吗？""你的韩语还不是很好，你究竟在想什么呢？"

申请研究生时就更是如此了。因为法学院入学考试（Law School Admission Test, LSAT）的成绩多次没达到理想的分数，不是律师的人安慰我说："不做律师也可以好好生活的。"虽然后来我进入了理想的法学院，但"被劝说"的命运并没有停止。甚至，当我已经拿到了两个州的律师执业资质时，

10 成长是孤独的

人们还是经常劝我:"现实一点。"前辈和教授得知我的求职方向后说:"没有经验怎么成为大企业的律师呢?""要在其他地方积累足够的经验才能进入大企业,现在还不现实。"当我说要开始运营自己的优兔网频道时,同样也没什么人支持我。大部分人说制作视频并不容易,甚至还有人问我:"好好的,为什么要浪费时间呢?"

但,确实就是那些大家口中"好难""好累""浪费时间""不可能"的事情充实了我的人生,是它们成就了现在的我。这是没有被他人的话语动摇,相信自己并孤独挑战的成果。

我再次想到上学时那些结局"反转"的经历。那场不被看好的游泳比赛,我最后拿了全场第一名。虽然我确实身材矮小、不够强壮,但由此带来的优势是比个子高人、体格健壮的选手更容易提速。虽然我只在韩国上了一年学,韩语还很生疏,但我在考试中的英语成绩很好,拉高了我的单科平均分,最后让我很轻松地通过了考试。

申请研究生的经历大概是其中最为曲折的。长时间备考却没有获得好的结果,一开始虽然没有进入理想的学校,但我没有因此放弃努力学习,最终获得了转学的机会,也算功夫不负有心人，有了一个好的结果。前辈和教授曾说我经验不足很难在大企业工作，但现实情况是我自己报名面试得到了梦寐以求的实习机会，正式工作也是在大企业担任社内律师。虽然大家都说制作视频很难，但现在学习资源非常丰富，只要肯跟着教程学习很快就能上手，现在我已经是拥有15万订阅者的优兔网博主。每天，我还在不断尝试新的挑战和机遇。

当然啦，我身边的人并非总对我说消极的泄气话，也有人给我真诚、有用的建议。我不是想鼓励大家全盘不接受他人提出的建议。只是认为不论周围人说了什么，我们都不应该因此失去自己的判断，偏离生活的重心。

或许由于自己相对特别的成长经历，我意识到"一起成长"这句话对我来说并不适用。我始终觉得，**成长和进步需要隔离那些会影响你的外部噪音**，那样你才能打开自我提升模式的内部开关，找到适合自己的学习方式和节奏。这个过程可以完全根据自己的情况来，不用太快也不要太慢，稳步前进就不会陷入低谷。

最好的竞争者是自己

我很喜欢运动。从某些角度看，我在运动上投入的时间比学习更多，其中我最喜欢的是游泳。适应新西兰的生活后，我加入了所在市区的游泳队，从中学时期就开始在学校的运动部活动。

我在前文简单提到过，自己养成早晨型生活受到了游泳训练的影响。加入游泳队后，比赛季一定会进行晨训。即便在非赛季，晨训在早上六点半也开始了，学校的游泳场会有水球和篮网球练习（新西兰的晨训非常活跃）。因此，为了配合训练，我的一天只能从凌晨五点左右开始。

当时，我所在的市区有一个和我竞争的选手，她的个子很高，长得也很快。隔几个月在比赛中和她碰面，我就发现她又长高了一大截。她的力气很大，在水里挥臂一次相当于我挥臂两次的效果。当时，无论我怎么努力，都逃脱不了在预选赛中淘汰的结果。

其实，不同人种间存在体格差异是客观存在的事实，但当时的我不太能理解，总在输掉比赛后痛哭流涕。因为年纪小，刚到陌生的环境，加之语言沟通还不顺利，我当时觉得自己已经比普通同龄人差了，没想到身体条件也比不过别人……一无是处的感觉真的让我很挫败。教练也不对我抱太大期待，我只是队伍中的"透明人"。

不知何时起，我有了发愤图强的念头。"谁都对我不抱希望""一个没什么优点的外国人"等想法深深刺激了我，我的胜负欲也被随之挑起。我开始自己要求自己，全身心地投入训练中去。上学前的两个小时，还有放学后、吃晚饭前的两个小时，都被我用来训练。周末，我需要参加高强度的体能训练，增强自己的肌肉力量。为了能缩短换气时间，我还自觉增加了肺活量的练习。好几次，训练中的我突然觉得头晕，忍不住跑到游泳池外呕吐。有时，我会因此哭得泣不成声。但我从未停止鞭策自己前进。为了追赶上其他选手，我能做的唯有不断练习。

终于，新的游泳比赛又开始了。去年见到的那位选手长得更高了，我还是比她矮了一截。那场200米自由泳比赛，发令枪声响彻整个赛场，我用力跳入冰冷的水中。在那个瞬间，我心中想的只是"好好表现"。

10 成长是孤独的

一

在游泳比赛中,选手们看似只顾着自己向前游,实际上能瞄到旁边泳道选手的情况。我两侧泳道的选手与去年的水平相比并没有太大不同。我保持比他们多挥臂一次、少换气一次的频率。就这样,我一边关注身旁选手的情况,一边调整自己的速度。

游到某一赛程时,我感觉对方的速度开始变慢,我似乎也开始体力不支。但是换气时,我分明看到了观众席上教练和队员们为我大声呐喊助威的样子。平时对我不温不热的他们怎么今天这么激动?我正有一些纳闷,但当下来不及思考这些,我又潜下水向前游去。旁边泳道的选手逐渐离开了我的视野。

看起来泳池里好像只剩我一个人了,我的心里掠过一丝忧虑,不知道要怎么调整自己的节奏。向前就好了!我紧闭双眼奋力划开最后的水流,甚至连终点在哪里都看不见。那一瞬间,我感觉自己好像变得更加轻盈了。

"啪"!我的胳膊敲打到触摸板。我抬头露出水面,想知道自己最后的成绩。电子显示屏上面出现了我的名字,同时观众席传来了一片欢呼声。我是第一名!我以第一名的成绩进入决赛！后来，我在决赛中也是第一名。完成自我突破之后，我不但入围所有游泳比赛的决赛，还成为新西兰全国青少年游泳锦标赛上热门的夺冠选手。

有人问我突破自己是什么样的感觉，泳池里快喘不过气的瞬间也绝不放弃，这是我提高自我极限的方法。我正是这样一次次打破自己创下的纪录。这是给予残酷、艰辛训练的最好奖赏。

从那时起，我就知道自己没有必要再与任何人作比较。以前，我总是想着追赶身旁的选手，甚至他们减速了我也跟着减速。但是，我忘记我还能与自己的极限作比较，因此当时的我并不知道自己有多少前进的力量。当我意识到这一点，我好像变得比别人更快、更强。

不要看旁边的人，朝着自己的方向奔跑吧！这是我在疲乏之时，以及无意中与别人进行比较时背诵的警句。因为最好的竞争者，就是我自己。

10　成长是孤独的

值得借鉴的早起习惯

我是习惯早起的人。我知道保持积极的态度正如做好健康管理。早起是我的习惯，无论身在何处，我都努力在五点起床，在上班前做运动，与家人一起享受清晨时光。

> 我会在一天正式开始运转前查收积压的邮件。
> 清晨是回复邮件的最佳时间，
> 它使我系统地开启崭新的一天。

人生不是彩排，每天都应竭尽全力。早起虽不是成功的信号，但你可以在早起的时间做任何事情，以此激发自己内心的潜力。[14]

理查德·布兰森

维珍集团创始人

11

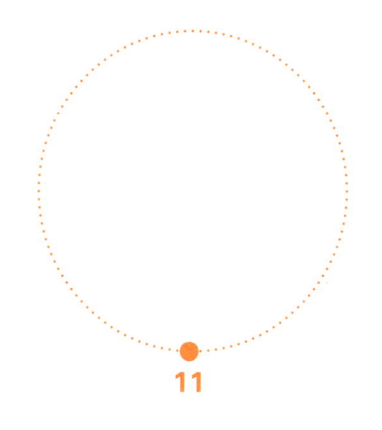

让人变得从容的
极简思维

为内心创造空间

我工作的公司曾举办过以"平衡"为主题的二行诗创作比赛,我的作品一举拿下了全司第一名:

在琐碎的事情上
不要受苦

你是否也有这种经历——对可以翻篇的事情反复考量、对不要紧的事情反复修改确认,以至最后不得不加班到深

11 让人变得从容的极简思维

夜。你是不是也曾执着于一件既不是工作上的事情又不是特别重要的事，只是莫名觉得"不能就这么算了"？在琐碎的事情上浪费太多的精力和时间，是所有人都可能遇到的问题。实际上，**出现这种情况并不是因为日程太满或者能力欠缺，而是因为内心被挤压得没有喘息空间，所以漫无目的地忙碌**。遇到这种情况时，我们急需学习一点极简思维。

极简思维一般主张抛弃不必要的物品。其实，整理心灵也可以像整理空间一样使用极简思维。不论是心灵的创伤，还是脑海中的事情、肩膀上的负担都可以"卸"下来整理一番。这并不是浪费时间，而是帮助你找到内心的从容。

你可以试着从删除手机上不必要的应用程序开始。先整理一下各种聊天工具吧！删除平日里经常浏览的应用程序，浮躁的心情或许就像逐渐整洁的手机桌面，逐渐恢复平静状态。我曾为了能更好地关注自己，果断地删除了几乎所有的社交软件。刚开始我也很担心怎么回应聊天群里的发言，出现紧急情况或者重要消息该怎么办。这也许是初次尝试极简思维时，每个人都会经历的苦恼。就像收拾完书架时不知道书该放到哪里的无所适从感，以后需要这些书时该怎么办呢？

事后证明这完全是不必要的顾虑。刚开始我很担心自己会错过什么，时不时地会翻看手机，但实际上手机没有跳出任何信息提示。接受这一事实后，我就不再担心这个问题了。毕竟如果真的有我必须知道的事情，对方还可以用其他方式与我取得联系。

当"做减法"变成习惯后，我的一天也发生了改变。我清理了一些不必要的对话，婉拒了一些使我动摇的邀请，生活慢慢变得悠闲起来。我的内心空间也宽敞起来，似乎也能有心力去面对暂时无法解决的烦恼了。

人际也需要极简

很多人迫于考虑人际关系，难以践行极简思维。"别人怎么看我"成为经典问题，或许在于人们往往过分在意他人对自己的看法。如果想要尝试极简思维，一定不要遗漏人际关系的整理。

难以应付的人际关系会给自己带来伤害。如果为了满足别人或为了弄明白他们的意图而浪费了自己的时间，不妨就果断地梳理这类关系吧。结束毫无意义的纠结与内耗，结束与不合拍的人继续纠缠，让原本混乱的心回归轻松平静。

不过，我并非鼓励大家与所有人断绝联系，成为一个态度冰冷和不近人情的人，实现极简主义完全能用更好的方法。

首先，克制不必要的对话和内耗。比如，我们没有必要与总是喜欢抱怨或故意迟到的人交流接触，因为负面的话语和经历会使人产生负面情绪，与这类人只进行必要的对话就足够了。

其次，尽量避免多管闲事也是明智的行为。如果你真的担心对方，可以大大方方提出建议，但不要过于热情地浪费自己的力气和感情，不过分操心别人的事情对别人、对自己都有好处。

还有一点也很重要，人前不能说的话，在人后也不要提起。如果你在别人背后说对他的意见，听者或许表面上表现出对你的认同，可是内心他也许会想："你和他有什么不同呢？"宣泄负面情绪带来的仅仅是短暂的畅快，解决不了任何问题，纯粹浪费自己的时间。

不难发现，极简思维能让人拥有更加坚定的内心，同时也能吸引与自己同频的人。如果与伤害自己或让自己痛苦的人保持距离，那么与自己亲近的就是彼此尊重的人，你也会慢慢收获与自己价值观相似的朋友。出乎意料的是，精简人际关系后，我们也将在其他方面得到收获。我很晚才明白过来，原来不必要的外部消耗逐渐会变成对内消耗。

●

有真律师，你今天中午有约吗？

有的！不过我们今天不能一起吃饭了，明天中午应该可以……

啊，你跟谁约好了吗？

我和我自己约好了。

这是我和同事之间的日常对话。刚开始，同事们对我的回应感到非常震惊，但最近他们也开始习惯了。如果我们能把自己的时间放在第一位，慢慢地别人也会尊重我们的时间。

试着想象这些场景。本来晚上想学习日语，突然朋友发来消息，想约你吃饭聊天；准时下班后本打算去上瑜伽课，

11　让人变得从容的极简思维

同事拉住你问要不要一起去逛街；周末一个人在咖啡厅惬意地喝咖啡看书，在店里偶遇朋友，便邀请你加入他们一起聊天；中午正打算去健身房运动，上司却说中午部门内部聚餐……遇到这些情况，我们该怎么应对？

最初我也很难说出"我今天有约了""我现在有急事需要处理"这些理由。为什么我会不好意思回答说"想早点回去"？为什么我说不出口"我今天不方便参加"？我不知道自己在顾忌什么，是别人的面子吗？

或许正是因为社会生活中总有一些很难避免的事情，所以我越来越喜欢早起享受专属时光。但是早起并不意味着可以规避之前提到的人际问题。毕竟坚持早起的同时也意味着坚持早睡，这让人在应付晚上的聚餐和聚会时变得克制。

学会对不情愿参与的邀请说"不"吧！这也是新生活的一部分。如果你认为计划要做自己的事情比与他人见面重要，不必感到内疚，这个观点一点都不奇怪。如果有人对你说"我今天有事，不方便见面"，你会觉得他的话伤感情吗？答案当然是否定的。反之，取消日程赴约可能会给自己带来压力，你或许需要熬夜或者挪用其他时间才能完成计划，而对这些一无所知的对方，未必能感受到你的重视与"牺牲"。

或许有人认为把自己的事情放在第一位非常自私，那么不如大方地成为那些人眼里的"自私鬼"吧！偶尔会有人和我说："社会生活不能那样过。""今天休息休息，好好喝一杯吧！"其实，无视他们的话不会发生任何事情。从最早开始，我就没有期待所有人都能理解和认可我的生活。

就我的经验来看，真正的朋友反而是能理解你的为难的人。我曾对邀请我吃午餐的同事说："我最近在瘦身，打算随便吃点东西就去运动。"结果对方竟然说从我的话中得到了激励。我对每天都会见面的朋友解释说："我最近在写书，需要多花些时间准备，可能没法和你经常联系了。"对方给我的回答是："恭喜你，静候佳音。"因为我缺席晚上的聚会而感到可惜的朋友得知"我有早睡早起的习惯，需要早点回家休息"后，他反而爽快地答复我："想见面就随时联系。"

短暂的快乐难以与自我提升的欣慰相比较，被他人轻易说服的人生很难安定下来。无条件地接受邀请并不一定是真正的关怀，或许只是为没法完成预期目标寻找的借口和安慰。

值得借鉴的早起习惯

我每天早上五点左右起床,起床后花1—2.5个小时来阅读。我会在日报上仔细阅读经济学报道、分析师报告等人们常在讨论的内容。但我不会在网上寻找这些信息,因为网络容易让人们把视野局限在自己感兴趣的话题上。即使休假,我也会坚持阅读。

> 我从七点开始运动,一般持续45分钟左右,
> 主要跳健美操或轻运动,再做拉伸,
> 结束运动后,我会喝一杯咖啡。
> 因为早上不怎么饿,所以我不吃早餐。

大家应该平衡好工作与生活。管理好自己的心灵、身体、健康、家人、朋友，是你的分内之事。重点不是别人如何，而是你如何。[15]

杰米·戴蒙
摩根大通首席执行官

12

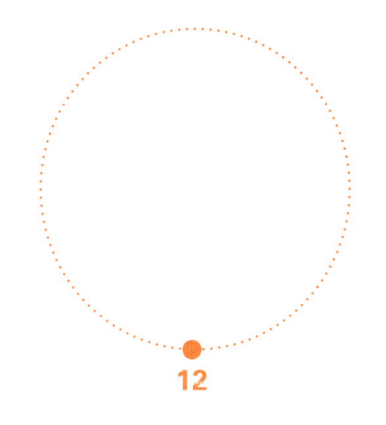

这不是终点，
只是关口

我想做什么事情

前文简单提到,刚回韩国时我因为各种不习惯而郁闷了一段时间。我没想到,自己"背水一战"花大力气通过了律师资格考试、找到了大企业的好工作,但我的内心怪异地陷入了空虚,甚至有时还无故觉得自己非常可怜。

为什么自己明明已经实现了梦想,内心却怀揣不安,连生活都没法过好了呢?可能是这个原因,我经常做被公司解雇或考试不及格的噩梦。现在回想起来,这些想法多滑稽啊!有时我在睡梦中看到鬼怪,我问它:"我现在的表现好吗?"鬼怪没有理我,只留下原地紧张的我。

最初那个四点半醒来的凌晨,我仔细地思考了自己所处的境遇。我虽然实现了一直以来做律师的梦想,却没能做自己原本想做的事情。意识到这一点之后,我的内心百味杂陈。

还在上学时,我幻想能成为亲自调查案件、在法庭上精彩辩论、递交无可挑剔的漂亮证据的刑事诉讼律师。又或者,我可以成为解决音乐、绘画、电影中存在的法律问题,甚至是保护艺人作品的专业律师。

虽然理想很丰满,但最终毕业时我还是选择成为在企业供职的律师,开始在与想象完全不同的领域工作。过去的几年里,我一直期待自己能做一些其他的事情。或许是学生生涯过得太充实丰富,所以工作后的生活总让我感觉好像缺了点什么。

虽然道理我都明白,一个人不可能所有事情都得偿所愿,但我内心没法很好地接受这个现实。我的成长经历告诉我,下决心要做的事情就能做到,但我的工作经历让我感到困难重重,几乎动摇了一直以来的信念。最后我做了一个非常艰难的决定,那就是暂时封存以前的梦想,立足当下,描绘适合目前生活的新的梦想。

想通后,我开始反省自己现在有没有认真工作,是否拖延了该做的事情,是不是该选一份压力小一些、工资也低一些的工作。我重新审视了自己做事的选择和态度。

长远来看,目前工作的公司给我提供了熟悉多种业务、接触各种好机会的平台。不可否认的是,即使在美国,现在的工作也是不可多得的必要经验。最重要的是,目前的岗位能让我充分展现自己的实力。一想到现在做的事情不是终点,只是一个必经关口,我忽然如释重负,面对职场也多了一份从容和欢乐。

梦想也会"成长"

念研究生时,班里同学大多树立了"成为法律人"的目标。毕业多年后,大家过上了不同的精彩生活。有的人结婚生子成为家庭主妇,有的人转行在服务业大放光彩,有的人成为了企业顾问,有位同学甚至还参军入伍了。每个人幸福的选择或许不同，它与在校期间的表现和经历无关，大家只是都奔跑在寻找真正幸福的路上。

小时候有人问你长大后的理想是什么，你是怎么回答的？也许是总统、宇航员、科学家等。现在的你还会认真对待小时候的理想吗？当然，生活中还是有少数经历磨炼依然怀有初心的人。其实，不论是坚持儿时的梦想还是为成人后的理想保驾护航，有梦想本身就是了不起的。不过，梦想应该是成长的动力，而不是成长的桎梏。也许那些走在与最初目标完全不同道路上的人，正是意识到了这一点。

如果长久以来都只专注一个目标，有时人们可能会因为过分聚焦而感到疲惫，从而忽视一些机会。其实，**任何人都不知道自己的未来会如何发展**。走在路上的人们是梦想破碎了，还是换了一条路朝更远大的目标前行呢？不到最后恐怕没人知道。

当我们正在经历某个不那么顺利的阶段时，或许不妨承认梦想会暂时改变，集中精力观察自己周围环境释放的信号，也许你会找到出乎意料的答案。

值得借鉴的早起习惯

我每天早上五点起床，快走45分钟左右，然后开始规划新的一天。一般我会先联系秘书或向我的支持者表示感谢，有时还会阅读一些昨天遗留的消息，运动完我会读三四份报纸。做完所有这些事情才九点左右，但这一刻对我来说好似到了中午。

> 在过去的几年里，我早餐吃黑巧克力冰淇淋，
> 我不知道这与喝咖啡有什么不同，
> 不过巧克力味越浓越好。

12 这不是终点，只是关口

于我们而言，进步发展的空间还有很多。生活的方方面面，都应该成为我们负责的对象。[16]

南希·佩洛西
美国历史上首位女性国会众议院院长

13

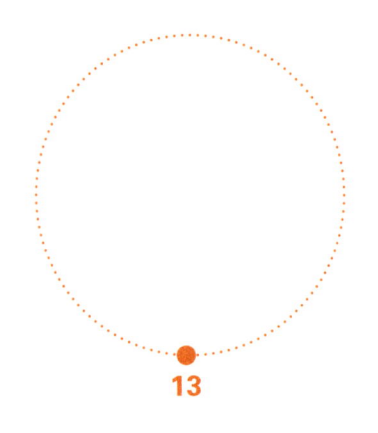

现在是找寻
小确幸的时候

在黑暗中看起来明亮的幸福

你现在幸福吗?

你觉得自己在什么时候最幸福?

有人问过你类似的问题吗?可能多数人对此的回答是:"我好像没有特别幸福的事情,但也没有生活在水深火热里。"

每个人对幸福的定义不一样,以前的我认为能做自己想做的事情就是幸福。但现在的我逐渐明白,只有尝试不愿意做的事情、经历不得不做的事情,才能感受到真正的幸福。

举个例子大家就能明白。如果你每天都得早起赶拥挤的公交车去上班，可能觉得自己不那么幸福。但是当你从紧张的工作中解脱出来，下班回到家洗个热水澡、舒服地躺在床上休息，此时的你一定会觉得非常幸福。只有身处黑暗才能发现闪闪发光的东西。同样地，生活中有不情愿、不如意的时刻，才能突显幸福的时刻。

如果你感觉当下的生活枯燥无味，也许是因为你的生活中确实没有好的事情发生，但也有可能是因为你没能找到日常琐碎中的幸福。它很隐蔽，需要你留心去发现。

虽然大家在工作日都已经很辛苦，但仍会在周末抽出时间健身、与朋友见面、做喜欢做的事情。这些事情背后的原因是相同的，都是为了追求幸福。除了必要的学习和工作时间，我们迫切需要拥有更多能让自己感到愉快的时光。

当你体会过摆脱疲惫的感受，即使这种体验非常短暂，只要你能抓住那一刻内心深处由衷的愉悦，就一定不会想在未来与它擦肩而过，而你的生活也将自此发生改变。所以，无论是什么困难的事情让你忧郁、烦闷，都不要忘记在必须做事的时间之外，为自己保留感受幸福的时间。

13　现在是找寻小确幸的时候

不要延迟带来幸福的事情

准备律师资格考试时，我把很多事情的计划推迟到考完试之后。"现在要学习""明天要上课""下周就考试了"等都是我用来"勉励"自己的借口。那时的我认为快乐、放松、休息对当时的自己来说是奢侈的事情。

那时，我最重要的事情就是通过考试，当上律师。虽然因为忙于备考没能好好运动，但我坚信成为律师后，自己就能坚持规律运动，努力减肥保持健康，也有精力培养自己的兴趣爱好、尝试自我提升了。虽然我现在因为学习与家人、朋友暂时疏远了，但是顺利当上律师后，我一定可以与爱的人度过更多的时间。只要通过这场考试，顺利找到工作开始赚钱，就能过上想要的生活了。

但现实并非如此。

首先，学习不会随着成为律师而停止。要想不断地得到进步和成长，就要坚持学习。考试后的生活让我领悟到这远远不是学习的终点，只是学习这项技能可以有更轻松的方法。

其次，没有运动习惯的人不论在什么时候都不会运动，他们不会因为一个目标（比如成为律师）的达成而改变。

工作后，晚上加班和聚餐都很频繁，抽出时间运动更是难上加难。偶尔一天准时下班可能还会因为疲劳感袭来而把去健身房的计划推迟到第二天。日积月累，看起来每周都会做一次运动，但都不是特别情愿。于是，不知从何时开始，这样的运动只会徒增身体和心理的负担，丝毫起不到锻炼的作用，慢慢地也就放弃了。

再者，人与人的关系是需要维护的，因为学习而忽略的关系不会因为有了空余时间而改善。有的人或许认为与家人每年只见一两次面，支付赡养费就已经尽了本分。没有事情与朋友不来往也没什么。这是否值得？需要我们自己好好体会。

工作后我逐渐认识到了以上事实，便很少有"做完这件事情再说"或者推迟人生小确幸的想法了。因为即使通过了某个考试、找到了好工作、实现了某个目标，它们并不会给生活带来180度的大转变。

寻找幸福的具体方法

我在清晨尤其能感受到快乐。因为工作时间势必需要承

13 现在是找寻小确幸的时候

担很大压力，出现失误也会受到批评，即使我给出最专业的建议但每项业务未必按照我的意愿进行处理，只有凌晨的专属时间给我带来了实现心意的小小幸福。

不过，并非只有凌晨才通向幸福。发现小确幸的方法很多，它们没那么特别也不那么困难。在此，我想借此机会介绍我创造幸福的方法。

首先，脱离使自己感到烦躁、有压力的空间环境，为创造幸福提供氛围。如果你因为学习或工作不得不每天都待在沉闷的空间里，那么只要能呼吸到新鲜的空气，心情就会变好。暂时放下电脑和书本试着去近郊登山，怎么样？如果不想走那么远，在家附近逛逛、在凌晨安静的房间里点一支香薰蜡烛，在不一样的环境里待一会儿也是不错的想法。

如果你当下正在准备考试或求职，很难抽出比较多的时间，那么尝试每天给自己留出一个小时的"自由活动"时间吧！虽然我们大多把生活的重心落在完成重要的事情上，但哪怕只有很短暂的空余时间，也该试着把"梦想成真""心愿实现"的细小尝试写进每天的日程。

我还想推荐一件自己很喜欢的事，那就是将自己感到

"幸福"或"感恩"的瞬间写进日程，让那些瞬间能时不时出现在自己的生活中。不要被动地等待幸福降临，去亲自演绎、去主动创造让自己幸福的时间吧！比如，如果吃美味的蛋糕能让你快乐，那么你可以在忙碌的日程中写上"吃蛋糕"；如果骑行能让你感到自在快乐，也可以写上"骑自行车"。

如果你养成了下意识觉得自己"没有时间"或"有时间再做"的习惯，可能在不经意间会变得越来越疲惫，明明努力向前却与梦想渐行渐远。所以，即刻就去寻找幸福吧！关心自己的健康、良好的习惯、生活中的小乐趣、与家人朋友相处的时光，这些让自己及时喘息蓄力的过程能帮助你在完成一个目标后，继续奋力奔向下一个目标。

值得借鉴的早起习惯

我每天早上四点半起床去健身。运动的时间越久就越沉迷其中。如果我感觉良好，就可以把自己推向更高的目标。

13 现在是找寻小确幸的时候

我的早餐是炒蛋、烤火鸡香肠

以及新鲜的葡萄柚。

健康的瘦身不在于剥夺,而在于均衡和节制。

对于孩子来说,我会建议她们多吃水果和蔬菜。

但是,她们偶尔可以吃点

比萨或冰激凌作为奖励,

因为问题总是发生在奖励成为习惯之时。

我每天的首要任务是让自己幸福,无论是身体上还是精神上。所有的日程都以此为前提。

米歇尔·奥巴马
美国前第一夫人

改变人生的
早起计划

第四部分

14

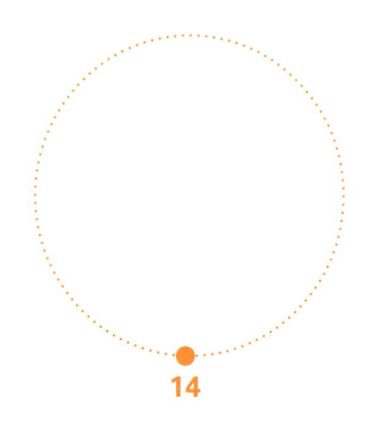

通过律师资格
考试的秘诀

迎接再次挑战的计划表

佐治亚州律师资格考试结果出来的那天，我几乎在电脑前等待了一整天，不停地点击邮箱的刷新按钮。那时我已经硕士毕业在美国佐治亚州的联邦法院工作，因为经常要在法庭现场向法官作报告，所以我当时几乎一心都扑在工作上，努力让自己表现良好，避免出现紧张或不专业的行为。

后来我终于收到了通知考试成绩的邮件，胆战心惊地瞄了第一段出现的分数后，立马意识到自己可能没通过考试。

我不知道该把这个结果告诉谁，同时也担心一起工作的同事知道了会不会对我有不好的影响，我会失业吗？难道要重新回到韩国吗？下周的面试怎么办？眼看着日后能学习的时间越来越少，自己的未来会变成什么样子完全是个未知数。我的脑袋"嗡嗡"直响完全无法做出任何判断，担心害怕之余两眼早已满是泪水。

坐在我旁边的大法官也许是注意到了我的不对劲，他中断了审判，然后建议大家聚一聚，他把所有工作人员都叫到了办公室。

"今天中午我请客！"

然后，法官开口安慰哭泣的我说：

"有真，不知道怎么能安慰你。第一夫人米歇尔·奥巴马也没有一次就通过考试，我们一起工作的同事中有考了三次才通过的。**这个考试决定不了你的人生。**"

而我还是站在原来的位置上失声痛哭，法官拍拍我，继续说：

"今天早点回家痛快哭一场吧！平复情绪后再来上班，把精力集中在工作上。我明白你不是一个会被考试击垮的孩子。"

可惜，法官的亲切安慰并没有让当时被悲伤吞噬的我感觉好一些。过去的几年里，我几乎奉献了自己所有的空余时间努力备考，自认为准备充分有信心能通过，但最终成绩让我大失所望。究竟是怎么了？好像运行中的多米诺骨牌忽然暂停在"律师资格考试"，之后的计划都就此搁浅了。我接受不了这个结果，更看不到自己的未来。虽然我很想酷酷地对自己说"一个考试有什么大不了的"，就此翻篇，但又反复被"准备这么久还没通过，算什么律师"的想法拉扯，情绪再次触底难以平静。

我决定给自己两周修复的时间。其间除了上班，哪儿都不去，每天只在房间里待着，让自己陷入沉思。

我在脑海中预想了各种情况。如果现在放弃考试还能做什么？比起重新备考，更可怕的现实是留给我的学习时间已经不多——为了维持签证我必须工作，无法脱产备考。我怀疑自己能否做到这一点。因为已经经历过一次失败，既然要重新开始，我干脆也放弃了现有的学习方法。

经过两周慎重考虑，我再次打起精神，开始第二次备考。虽然身边的朋友们都已经当上了律师，只有我落后了，但这只是暂时的！

"不要和同期的朋友比较，要专心走自己的路，专心再专心一点……"我在心中默念。

我并没有选择的余地，因为现实情况真的很糟糕，除了打起精神就没有什么能做的了。

下定决心的那天，下班后我去家附近的文具店买了三张白色卡纸。我在那些纸上画出了明年的计划表，一式三份，分别贴在了卫生间、客厅和床边。

距离下次考试只剩下三个月了。一天中，我可以拿来学习的时间是凌晨的三个小时、中午的一个小时，以及下班后的四个小时，加起来总共八个小时，这对全心投入备考的人而言并不多，但是对于全职备考的我来说已经是拼拼凑凑后的奇迹了，每分每秒都异常珍贵。我当时写在纸上的具体计划如下：

1月:备考纽约州律师资格考试

2月:参加纽约州律师资格考试

3月:集中精力工作

4月:纽约州律师资格考试放榜（我一定会通过！）

5月:备考佐治亚州律师资格考试（再次挑战）

6月:参加纽约州律师宣誓仪式

7月:参加纽约州律师资格考试

8月:回韩国

9月:休息、准备就业

10月:佐治亚州律师资格考试放榜(我一定会通过!)

11月:参加纽约州律师宣誓仪式

12月:就业

  我计划用三个月时间挑战纽约州律师资格考试,而非只准备佐治亚州的考试(美国各州独立安排考试)。因为在职场上纽约州的律师资格证比佐治亚州的认可度更高,对之后的求职应该有所帮助。

  美国的律师资格考试为期两天,每场考试时长三个小时。为此,我需要有意识地培养连续学习至少三个小时的习惯,而且其间还不能喝水和去卫生间。

  由于我只在凌晨和下班后才有集中时间学习的机会,其他都是碎片化的时间,所以我对这些时间做了细化分工。凌晨的三个小时,我一般用来复习以及预习当天学习的内容。

为了记住学习的内容，我会把重要的部分按主题分类写在记事本上，在通勤时间和午休时间背诵。下班后我就尽早到家吃完饭，以做真题为主再学习四个小时。

在这样工作和学习并轨的高强度生活下，我的身体发出了警告。首先，我不知不觉地胖了十千克，近视度数加重了，而且脸上莫名其妙长了不少青春痘，不碰都会流血。

距离考试还有一个月时，我表现出了比较严重的焦虑情绪，经常感觉非常不安。有几个瞬间我甚至感觉自己快死了。有几天我起床后没有学习，而是去附近的公园慢跑，运动意外地让我的专注力变好了。在此之前，我很担心在应该学习的时间里做其他事情会导致落榜。但这种想法只令我变得不堪一击，让我沉沦在巨大的压力之中。凌晨运动变成了我在这段时间唯一的出路。

•

转眼之间到了2月临近考试的日子。考前最后一天，我仍没有放弃苦学，还抽空订了飞往纽约的机票和考场附近的酒店。光应付学习就已让人筋疲力尽，还要兼顾一些琐事，考前一天我的压力真的几乎达到极限。

因为之前专心备考疏忽工作带来了巨大的负罪感，所以考完试等待放榜的两三个月里，我只专注于工作，生日也无心庆祝。我似乎在告诉自己考试通过之前，自己没有资格安逸享乐。但，究竟是什么让我如此不安？

忙碌中不知不觉到了4月。明明是放榜的日子，但那天晚上七点多我还没有收到通知成绩的电子邮件。询问一圈熟人后听说已经有人收到结果了，我担心之前是不是填错了邮箱地址，又无法查实几个月前的记忆了。我一度紧张到积食，甚至还吃上了消食片。关心我的家人、朋友、同事也纷纷发来消息问情况。十点半该睡觉了，我虽然努力躺在床上平息紧张和不安，但精神依旧亢奋。

晚上十一点多，我终于接收到了邮件提示！已经通过考试的朋友们说，邮件是以"祝贺"（Congratulations）开头的，但我扫了一遍竟没找到这个单词。难道又没有通过？我有一点恍惚，重新逐字逐句把通知书读了一遍。

纽约州法律审查委员会祝贺您通过考试……

这是我期盼了多久的消息啊！

我的眼泪不停往下掉，比起成为律师的喜悦，我更庆幸自己拼凑出时间，忍受不安并且最后顶住了压力。我也开始相信，日后不论有什么困难，自己都能够不依靠任何人，坚持到底。现在回想起来，痛苦的磨炼是上天赐予我的礼物。如果没有这样的经验，我也不会知道自己有多么强大的潜能。

•

通过纽约州的律师资格考试后，按理我没有必要再执着于佐治亚州的律师资格了，不过我还是决定再考一次。是遗憾，是迷恋，还是想证明自己？虽然不知道具体是什么原因让我做出这个决定，但过去几个月的亲身体验确实让我知道充分利用碎片时间也能好好学习，我不再像之前那样恐惧考试了。

因为备考纽约州律师资格考试比较充分，为我打下了扎实基础，佐治亚州的考试比想象中要容易很多。而且时间相对充裕，我也不需要跨州赴考，所以负担也较轻。

计划回国前一个月的某天，迎来了这场考试。因为之前有一次不合格的经历，所以一开始我还有一些紧张，但因为这场考试并不会真正影响我的未来，所以我怀着愉快的心情，进入状态后很从容地完成答题，然后就回国等待结果了。当然，这场考试的结果非常好。

回想起来，如果我一开始就通过了佐治亚州的考试，我肯定不会重新规划未来。虽然不知道原来计划的那条路会怎么样，但是经历了磨炼的我也收获了对自己的肯定与补偿——美国两个州的律师资格证。

真的没有时间吗？

> 我太忙了，抽不出时间。
> 上班就够人应付的了。

我遇到过很多人诉苦自己需要一边全职工作一边准备考试。好像自己明明没做什么事情，但时间总是不够用；有时候明明按照计划做完事情了，却还是有被什么催着赶着的感觉。

难道我们真的没有时间吗？有玩手机、浏览社会网络动态的工夫，却没有时间读书；有时间和朋友见面聊八卦秘闻，却没有时间运动；要做的事情堆积如山，却有时间悠闲地去咖啡厅休息。以上并不是少见的情况，我们每个人身上都可能发生过。

人们总是习惯于拖延要做的事情。你是不是曾把书放在包里决心"要在地铁里看书"，但结果路上看手机看得忘乎所以？带着运动服上班，决心"一定要去健身房"，但下班时和朋友聊天聊得意犹未尽就打算一切明天再说。虽然打算按时下班赶快回家，但直到晚上六点才开始急忙处理堆积的业务……如果始终都没有迈出开始的一步，就不会有时间去完成想做的事情。

当我决心再次备考时，我做的第一件事情就是计算自己能抽出多少时间学习。如果你能仔细观察忙碌的日常生活，肯定会发现自己没有注意到的、被浪费的时间。如果一天不看社交网络动态或哗众取宠的新闻报道，至少能多出两三个小时，但有时似乎就是舍不得放下手机。我们并不习惯去收集那些时间。

要知道，我们的身体是按照平时养成的习惯来运动的。要想做出"反习惯"的行动，就要克服惯性，拥有更强大的动力和意志力。"今天一定要完成!"单凭一两句话不能帮助你成长,也不能实现任何目标。我们需要为自己创造行动的条件和环境。

首先,你需要一点小成功来推动你完成大目标。一些"没有想象中麻烦""尝试一下,很快就能做完"的小事,能尽可能多地为你积累自信和积极经验。

其次,刚开始的时候尽量把注意力都放在充实自己上,短期内创造一个与自己遵守约定的环境。"今天能见面吗?"如果接到这种邀请,果断地拒绝,静下心来读一本书吧。如果想和朋友聊天,不如改听音乐吧。没有什么特别的事情时,也不要把刷社交网络作为唯一的选择,你还可以整理房间、电脑的文件夹、手机相册等每天会用、会看的地方。

那么,是不是日程安排做得好,时间就会自然地被"创造"出来呢?其实不然。**重要的不是用事情把时间填满,而是让自己掌握生活的主导权,做为自己而做的事情。**把动机赋予自己体验到的变化,创造只属于自己的中心。因此,我们的现实并不是没有时间,而是没有创造属于自己的时间。

值得借鉴的早起习惯

我的起床时间根据季节的不同而有所变化。冬季三点起床，其他季节一般五点。闹钟声响起后，我起身去厨房准备喝水、橙汁或咖啡。然后，我开始回复未读的电子邮件和网上发布的新消息和新闻，但我不会回复与工作相关的信息。

> 早上六点半左右，我会站在落地窗户前，
> 抱着我的猫欣赏日出。
> 七点，我会花15分钟做上班前的准备，
> 我一般在八点半之前到公司。

14 通过律师资格考试的秘诀

从创业开始,我在凌晨三点半起床后就再也睡不着,即使在金融危机时也是如此。与其他企业家一样,我从未度过相似的两天。我的日常生活中唯一不变的只有起床时间。凌晨是一天中最重要的时间,因为它从不被外界影响,允许我尽情思考。[18]

萨莉·克劳切克
花旗集团首席财务总监

15

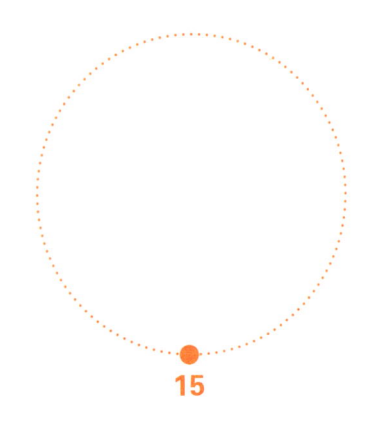

我的一天从凌晨四点半开始

为明天做好准备

通常，早起的准备从前一天晚上就开始了。根据每天的日程需要，起床时间会稍有不同，为了保证充足睡眠，前一天的睡觉时间就要相应略做调整。

我会在临睡前回顾当天做的事情。比如几点起床、在专属时间做了什么、几点出门上班、怎么打发通勤时间、上班完成了哪些任务、午休有什么活动，以及下班后有什么安排等。然后，我会在昨天制作的日程计划中，用笔划去今天做完的事情。

其实，我并没有写日记的习惯，也不会完全按照计划度日。我的初衷只是想看看自己每天想做什么、实际能完成多少事情，以及来不及落实的事情有哪些。如果出现了没完成的事情，出于"今日事，今日毕"的想法，我会尽力在一天即将结束前把它做完。如果当时情况不允许，那就把它加到明天的计划里。

我也通过这种方法检查自己一周的工作。具体某项日程活动是努力做完的还是"蒙混过关"的，在我精心制作的计划表上一目了然。如果计划表中罗列的活动全都完成了，我会从中得到很大的鼓励，相信自己明天也能继续完成计划，久而久之就变得越来越自信。这里有一则小建议，检查完成情况时，不推荐用记号笔涂抹已经完成的活动，因为那样会覆盖之前的字迹。最好是用细圆珠笔划掉相应安排或在旁边做标记。

做完回顾后，我就开始计划第二天的日程，尽量做到事无巨细，比如四点半起床、上班前准备、通勤、吃早餐等。把琐碎的内容整理成列表，晚上总结的时候就会很欣慰自己的一天原来做完了这么多事情。

如果你早起后没有特别想做的事情，可以准备多个日程活动作为备选。比如根据起床后的状态来确定要做什么，状态好的话就健身，状态不好就读书，可以写成"运动/读书"。这么做还可以避免早起后难以抉择要做什么的情况。

如果没有特别的会面或者没有特别想做的事情，不要干坐着等待事情发生，我们可以主动添加新日程，就像朋友邀请你参加活动一样，创造你与自己的约定。比如尝试新的生活时尚，又或者干脆整理书桌、打扫房间、整理衣柜等，也可以是与全天计划无关的读书、写信、添置家具等。

做日程计划时有一点需要注意，重要的是你想做的事情，而不是做事情的具体时间。这样，即使有了临时会面或者日程变动也不会过分影响全天的计划。比如计划"去书店"，不要写"晚上六点半去书店"。因为不管是午休去还是下班后去，抽空完成了就好。如果你能怀着热情写下日程计划，相信你不但拥有了早起的充足理由，对第二天也同样满怀期待。以下是我的日程计划表，供大家借鉴参考。

早起打破空心生活：我的一天从凌晨四点半开始

日期	某月某日	周一	周二	周三	周四	周五	周六	周日
目标/决心				零碎时间				

目标/决心
- 完成与自己的今日之约

零碎时间
- 阅读

记事贴

今天也努力把自己放在第一位

既有时间	4	5	6	7	8	9	10	11	12	1	2
活动时间		额外时间			通勤时间	工作时间（上午）			午休时间		

待办事项
- 凌晨4:30起床
- 只属于我的起床准备
- 剪辑视频
- 上班准备
- 吃早饭
- 做运动
- 光棍节：买巧克力棒吃
- 去阿拉丁书店

15　我的一天从凌晨四点半开始

| 起床时间 | 4 点 30 分 | ☀☾ | 入睡时间 | 10 点 00 分 |

提醒

- 去书店查看计划表
- 订购手机壳

| 3 | 4 | 5 | 6 | 7 | 8 | 9 | 10 | 11 | 12 | 1 | 2 | 3 |

工作时间（下午）　通勤时间　自由时间　睡觉时间

- 下午工作

- 在通勤时间读书 / 回复邮件
- 吃晚饭
- 剪辑视频
- 整理书桌
- 染发（在家里）
- 缴手机费
- 夜间护理（护肤）

做完日程计划，我就睡觉休息了。虽然第二天四点半就得起床，但也不必因此刻意睡得太早，自然而然地在舒适的状态下入睡就好。不得不再提醒一下，早睡是为了保证早起，而睡前舒适的状态不是一边看手机一边休息。

早起后的专属时间

凌晨4点29分。闹钟响了。

以前我通常是设定凌晨四点半的闹钟。但是因为运营优兔网频道的需要，我要拍摄"闹钟在四点半响了"的画面作为素材，所以我就得提前一分钟起床做准备。我把闹钟名定为"起来改变生活吧"。虽然我不一定每天起床都会注意到它，但是每当我没法顺利起床时，这个温暖的名字会突然出现在我的脑海里。

1. 闹钟响起的瞬间

"嘀嘀嘀"，闹钟响了！我又开始了新一天理智与情绪的斗争。"要不要再睡一会儿？""早起又能怎么样？"虽然近几年来我一直坚持四点半起床，但激烈的思想斗争仍然存在。我还是需要用一些奖励或者动力去说服自己："到车上再睡一会儿吧。""洗完脸，喝杯咖啡就会好的。""现在起来拍视频晚上才有素材更新啊。"与多睡一会儿的甜蜜诱惑抗争不到五秒，我起身离开床，打算去做更美好的事情。

2. 洗脸与喝茶

起床后，我马上去刷牙洗脸。如果当天中午不打算健身，我就再洗个热水澡。起床后洗漱的流程基本是固定的，它们就像是一个小型的多米诺骨牌，第一步起床完成后，就会自动"触发"下一个流程。因此，起床是最重要的。

洗漱完后，我会在干燥的皮肤上涂抹必要的护肤品。我并没有特别的护肤方法，只是尽量使用最简单、最适合自己的护肤品。

简单打理完自己，我来到厨房开始煮茶。喝茶是我喜欢清晨的一个理由，也是我早起的动力之一。虽然偶尔我也会煮咖啡，但很少空腹喝，我更喜欢在早上喝水果茶、蜂蜜茶、香草茶等，具体根据当天的状态而定。早起一杯茶不但能让身体暖和起来，也能适当促进血液循环。因为喜欢喝茶，所以去国外出差我带回来的礼物大多是茶叶，渐渐地早起喝茶的口味选择也就变多了。

回到房间，打开精油壶（有的精油帮助人集中注意力，对我来说很有用），放一首喜欢的音乐，来到书桌前。有时，因为凌晨气温很低，我也会用足浴器取暖。准备就绪后，我拿出昨天写的日程计划表……新的一天正式开启啦！

3. 自由自在，做喜欢的事情

起床之后、上班之前做的事情以舒适为主。因为早起不易，如果做太消耗体力或太复杂的事情，会让早起变得不那么有期待感，也容易让人疲惫。做容易完成的事情，不但能为新一天的开始做好热身，长此以往还能安慰疲惫的心灵、减缓压力。你会逐渐期盼清晨的到来。

上班前的时间是我的专属时间。一般，我会用来剪辑视频、健身或看书。状态好的话，也会处理积压的工作或尝试最近感兴趣的事物。比如，最近我对画画和图片处理很感兴趣，跟着相关的在线课程练习了几次，希望自己不久之后还能尝试做图形设计。因为总是做喜欢的、感兴趣的事情，所以这段时间比想象中过得快。

4. 准备上班

六点。第二个闹钟准时响起。这个闹钟是提醒我该开始为上班做准备了。开往公司的公交车六点半左右到达站点，所以我必须在十五分钟内换好衣服和收拾东西，三分钟内化完妆出门。

上班后的我，金有真律师

因为严重晕车，我没法在公交车上看手机或看书，所以一般只能听听音乐和有声读物。偶尔太累了也会打盹儿。早上通勤的时候，我尽量不给自己安排什么任务，放松休息更重要。

到公司后，我会和同事一起吃早餐。因为起得早，很快也饿了，吃一顿丰盛的早餐，然后喝杯热咖啡、漱口刷牙，开始工作！

作为公司的律师，我不仅要负责法律咨询，还要负责审定合同、调解协商、诉讼、仲裁等多项业务。幸亏上班前我有片刻自己的专属时间，因此上班时我能聚精会神地工作。

午休时间，健康至上

午休时，我会按照前一天的计划去健身。最早我打算下班后去家附近的健身房，但我意识到自己到晚上已经非常累，此时运动也比较为难自己，于是我就在公司附近的健身房报名参加午间运动。因为早餐很丰富也吃得很饱，所以很多时候到了中午我还不饿。通常是运动消耗了体力才感觉到一些饥饿感。回公司前，我会在咖啡厅简单地吃一个三明治或去公司食堂吃点东西。

有时我也和同事一起吃午餐，但大多是提前就约好的。这样的日子我就在上班前或下班后运动。

当然，偶尔我也遇到过有突发业务或不得不赶工的时候。此时，我就需要根据实际情况调整日程完成的时间和顺序，努力在完成既定计划的同时尽量保证运动的时间。

15 我的一天从凌晨四点半开始

下班后,剩余的时间

下班后到睡觉前,一般还有四个小时左右的时间。除去两个小时左右用于通勤和吃晚餐,我拖着疲惫的身体能完成的事情并不多。平时回到家已经是晚上八点,吃完饭稍微休息一会儿,不知不觉就到了九点。

这是一天即将结束的时候,也是只属于我的睡前时间。通常,我会换上睡衣,简单护理眼睛和皮肤,悠闲地看电视或听音乐,这是给努力了一整天的自己的犒劳。如果不觉得很累的话,我就会做点想做的事情,比如剪辑视频(视频博主的习惯)。虽然有时我也会想晚上回家还能做什么,但只要做能让自己开心的事情就都算是休息吧。十点左右,我开始回顾今天、制定明天的日程,然后心满意足地入睡。

这是真正属于我的一天,从我开始,又以我结束。

值得借鉴的早起习惯

我每天四点半起床,因为比别人起得都早所以非常有成就感。我分别在电子表、电池表和发条表上都设定了闹钟,虽然通常一个就够了,但提醒不嫌多。起床后,我会冲个热水澡,拍下手表显示时间的照片,然后发布到推特上。这样可以激励自己和其他人。

> 我在前一天晚上就会选好今天要穿的衣服,
> 起床后去健身房运动一个小时左右。
> 根据当天的天气情况,有时会去海边游泳或冲浪。
> 早上六点结束运动后冲个澡去上班,开始一天的工作。
> 因为肚子不饿,所以早餐就只吃坚果。

15 我的一天从凌晨四点半开始

> 大家没有必要都在四点起床,重要的是随时可以起来行动。[19]
>
> **约克·威林克**
> 美国前海豹突击队指挥官

16

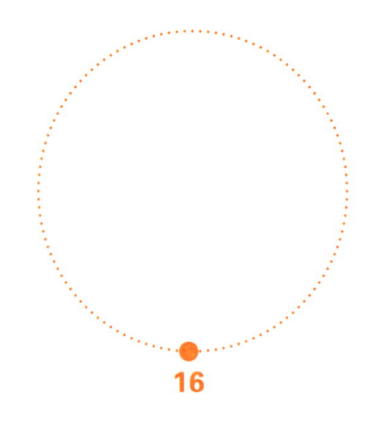

一天计划的
制定方法

16 一天计划的制定方法

时间是公平的

所有人的一天都有24个小时,但每个人使用这些时间的方法各有不同。有的人虽然一天做了很多事情,却过得从容、悠闲;有的人虽然一天没做什么,却还是忙得不可开交。为什么会出现这种情况呢?

在我看来,一天过得悠闲与否取决于是被时间牵着走,还是由自己掌控时间。要想掌控时间,首先要了解自己拥有多少时间(尤其是零碎时间),然后再决定自己要做什么。我主要通过制定日程计划表来把握自己的时间。

如何观察自己平时利用时间的情况呢？你可以制作一个一眼就能看出日程安排的图表，它能帮助我们查看不同类型时间的使用情况。以我为例，如果没有出差或特别的计划，我的日常是非常固定的，我想大部分人也是如此。如果你是学生，每天大部分时间可能都在听课；如果你是上班族，一天至少八个小时都在公司上班吧。把一天的时间划分为无法自主调节的时间、可支配的时间和通勤时间，就能初步掌握在何处发现一些零碎时间了。

下面，我将以真实的日程计划表为例，详细说明操作方法。需再次强调的是，制定日程时不要给事项框定具体的时间，把时间大致分为凌晨、上午、中午、下午、下班后就可以了。

第一步：记录起床和睡觉的时间

从早上起床到晚上睡觉，一共经历了多长时间？下面这个表格对应了一天中的24小时，它是我的日程计划表的一部分。

16　一天计划的制定方法

▶ 今天的起床时间

既有时间	4 AM	5	6	7	8	9	10	11	12	1	2	3	4	5	6	7	8	9	10	11	12	1	2	3
活动时间																								

我的一天从凌晨四点半开始，在晚上十点左右结束。也许有人认为，八点开始上班的话就没有必要从四点半开始记录。请大家注意，这个表格并不是专门用来记录工作业务的计划表。恰恰相反，它主要是用来记录在工作以外帮助我实现目标的计划表，因此从起床开始记录非常合理。把起床时间作为起始时间记录随后的 24 小时，每隔一小时就记录一次活动事项。如果正好轮到上夜班，那么可以参考下表的形式。

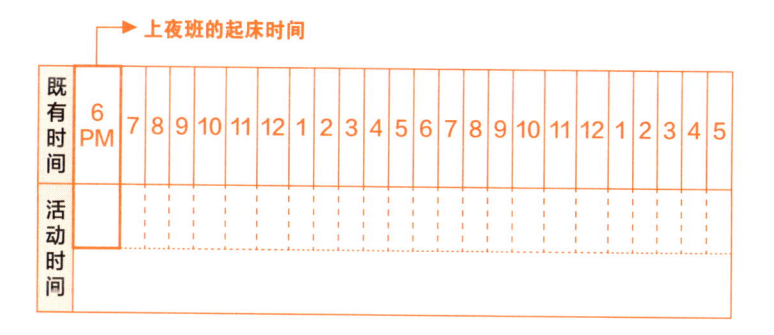

▶ 上夜班的起床时间

既有时间	6 PM	7	8	9	10	11	12	1	2	3	4	5	6	7	8	9	10	11	12	1	2	3	4	5
活动时间																								

第二步：标明不可调节的时间

我上午八点开始上班，下午六点下班回家。换言之，上午八点到下午六点是我没法随意调节、必须待在公司的十个小时。

在第一步画好的表格中，将这些无法调节的时间标识出来。虽然会遇到出差、临时加急业务或意外要加班的情况，但因为这不是经常发生的事情，所以我会把它们作为特殊情况排除在外。

核对在不可随意调节的时间里的待办事项，比如工作或上课等。在这个时间之外，如果没有特别的约定，那么剩下的时间就都是自己能够掌握的时间（见下表）。

既有时间	8	9	10	11	12	1	2	3	4	5	6	
活动时间			工作时间（上午）		午休时间			工作时间（下午）				
待办事项	－ 分享有关业务的最新进度 － 回复邮件 － 审查合同 － 上报拟定方案				－ 吃午饭 － 做运动		－ 部门会议 － 海外法人会议 － 小组会议					

16 一天计划的制定方法

每天都做同样的事情可能会让人感到无聊，这时按照意愿制定计划的好处就体现出来了。为了避免没完成工作或者学习计划而出现挤压甚至占用可支配时间的情况，我会以完成任务为目标制定日程，然后尽最大努力去做完。

另一方面，由于公司的午休时间是两个小时，在这段时间里其实能做很多事。我就是从中抽空学习了剪辑视频和编程。在尝试了一些有趣的事情后，最后我打算当视频博主运营优兔网频道。最近的午休时间我大多会用来运动，如果不饿的话我会拿出一个半小时去健身，然后在剩下的半个小时里吃饭、休息。

很多人的午休时间与我不同，只有紧张的一个小时。但不论午休时间有多久，我们要思考的是这段时间能用来做什么。如果你通常和同事们一起吃午餐，那么也可以把这个时间标记为愉快的聚餐时间。

如果你的午休时间比较充足，那么在简单吃完午餐后，选择一项每日目标去完成吧。如果你打算今天去逛书店或去邮局寄快递，就可以安排在空闲的午休时间了。见缝插针地利用好零碎的时间做事，就能使一天变得充实且悠闲。

在此分享关于午休安排的小诀窍，每天中午可以有不一样的活动。如果第一天你打算和同事一起吃午餐，那么第二天可以自己一个人吃饭然后去健身或看书等，做多种尝试。这么做不仅能让你的时间变得灵活、有趣，也给自我提升带来了一定空间和可能。

第三步：在剩余时间中发现的可利用时间

现在让我们来计算一下自己的一天有多少剩余时间。因为之前我们已经填好了表格，所以只要确认从不可调节时间结束到上床睡觉这段时间的时长。

在没有特别安排的时候，我六点下班、十点睡觉，所以就有四个小时左右的剩余时间，除去吃饭和通勤，能自由支配的时间是两个小时。

因此，制定日程计划时，我会尽量让自己在这两个小时里有事可做，这样这些时间也就变成了我可以把握的时间。

之前我们提到，尽量不要给待办事项制定具体的完成时间，尤其是下班后的时间。作为上班族，下班回家、吃晚餐、

16　一天计划的制定方法

休息一会儿就超过八点的日子比比皆是，如果前一天你制定的计划是"晚上七点半到八点半学习日语"，那会发生什么呢？很有可能你会想"已经过了八点，干脆明天再学吧"，或者"学完就没法按时睡觉了，明天再说吧"。与此相反，如果你的日程计划不在完成时间和时长上做太多要求，给予待办事项自由完成的空间，也就不会感觉有太大的压力了（见下表）。

		固定时间					**剩余时间**	
既有时间	8	11	12	1	2	6	7	10
活动时间		工作时间（上午）	午休时间		工作时间（下午）		自由时间	
待办事项	-分享有关业务的最新进度 -回复邮件 -审查合同 -上报拟定方案		-吃午饭 -做运动		-部门会议 -海外法人会议 -小组会议		-吃晚饭 -剪辑视频/写书 -下班路上阅读 -做睡前准备	

在安排待办事项时，最好不要写太多不切实际的事，毕竟"欲速则不达"。即使你一天只处理完堆积下来的一两件事，相信我，变化已经在悄然发生。如果你确实想提高自己的效率，那么在自己适应了日程后再逐渐增加完成量可能才是比较合理的方法。

此外，我也在努力利用通勤时间。由于晕车，虽然早上坐公交车的时候没法进行阅读，但下班坐地铁的时候是没有问题的。所以，当我的日程里有"看书"或"回邮件"时，我会选择在下班途中完成。

虽然按照我们之前的算法下班后有两个小时的剩余时间，但不可避免的是一定会遇到加班、聚餐或有其他事情的时候。即使不是上班族，晚上有其他事也非常常见。在这种情况下该怎么安排计划呢？下面我将以加班日和聚餐日的日程计划为例进行详细说明。

纵向比较我在过去几个月的日程计划表，我发现自己在下班后的时间里做得最多的事情是加班、聚会、运动、学习、写稿子、培养兴趣爱好和休息七件事情。其中加班、聚会是偶尔的活动，培养兴趣爱好、学习、写稿子和休息几乎已经固定下来了。因此，制定下班后的待办事项时，务必要区分那一天的特殊安排和已经固定下来的安排。

制定下班后的日程时，首先把每天都会做的事情标注出来，也就是运动、培养兴趣爱好、学习、休息等。以我为例，"下班路上看书"和"做睡前准备"是固定事项（见下表）。

16 一天计划的制定方法

		固定时间					剩余时间		
既有时间	8	11	12	1	2	6	7	10	
活动时间	工作时间（上午）			午休时间	工作时间（下午）		自由时间		
待办事项	－分享有关业务的最新进度 －回复邮件 －审查合同 －上报拟定方案			－吃午饭 －做运动	－部门会议 －海外法人会议 －小组会议		－吃晚饭 －剪辑视频／写书 －下班路上阅读 －做睡前准备		

　　有些事项如果被我标注为晚上的固定安排，那么即使在时间不够的情况下我也希望自己能努力完成。另外，由于已经有了固定事项，下班后有空余时间也不会让自己产生"应该去玩"的想法，这减少了不必要的选择和挣扎的时间，也提高了完成效率。

　　我自己还遇到过一种日程变动的情况。大家还记得我利用午休时间去做运动的事情吗？可能是因为从小参加运动训练已经形成身体习惯的缘故，直到现在我还是一天不运动就浑身难受。如果中午我和同事聚餐来不及运动了，我就会根据当天的情况下班后再去锻炼。

加班的日子

既有时间	固定时间						剩余时间	
	8	11	12	1	2	6	7	10
活动时间	工作时间（上午）		午休时间		工作时间（下午）		自由时间	
待办事项	– 分享有关业务的最新进度 – 回复邮件 – 审查合同 – 上报拟定方案		– 吃午饭 – 做运动		– 部门会议 – 海外法人会议 – 小组会议		– 吃晚饭（买三明治） – 加班（完成审核项目、做报告、审核合同） – 下班路上阅读 Love does – 做睡前准备（敷面膜、11：00前入睡）	

有聚餐的日子

既有时间	固定时间						剩余时间	
	8	11	12	1	2	6	7	10
活动时间	工作时间（上午）		午休时间		工作时间（下午）		自由时间	
待办事项	– 分享有关业务的最新进度 – 回复邮件 – 审查合同 – 上报拟定方案		– 吃午饭 – 做运动		– 部门会议 – 海外法人会议 – 小组会议		– 聚餐（9：00前离开） – 加班（完成审核项目、做报告、审核合同） – 下班路上阅读 Love does – 做睡前准备（贴眼贴、11：00前入睡）	

中午有约的日子

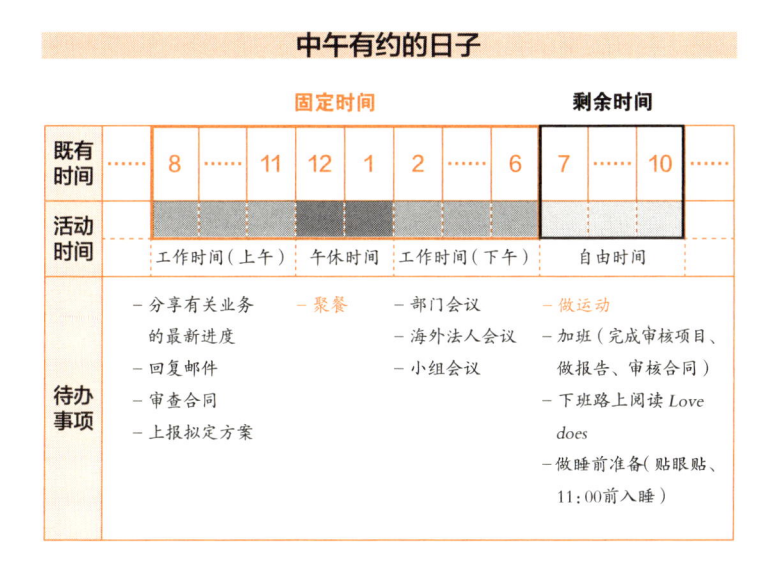

	固定时间					剩余时间		
既有时间	8	11	12	1	2	6	7	10
活动时间	工作时间（上午）		午休时间	工作时间（下午）			自由时间	
待办事项	- 分享有关业务的最新进度 - 回复邮件 - 审查合同 - 上报拟定方案		- 聚餐	- 部门会议 - 海外法人会议 - 小组会议			- 做运动 - 加班（完成审核项目、做报告、审核合同） - 下班路上阅读 Love does - 做睡前准备（贴眼贴、11：00前入睡）	

第四步：获得更多自由时间

不得不承认，生活中很多事情不尽如人意。下班后拖着疲惫的身体坐在满载的地铁上，回到家吃完晚餐，疲惫得什么都不想做的日子，谁都经历过吧？平常临时的聚会其实也非常多，每次婉拒都要看人脸色、想好措辞；即使有时决定吃完饭过一会儿就离开，也难以避免被提醒"不要扫兴"的无奈时刻。

我在前文曾说凌晨是"由我掌握的时间"，其他的时间是"交给命运的时间"。这一点都不错！在凌晨做事很少会被打扰，但在其他时间，无论如何提前制定计划，多少都会被出乎预料地打乱节奏。

如果我们优先考虑自己，就该主动为自己争取时间。换言之，哪怕只有一点点时间也不该浪费，而该做好自我投资的准备。这也是我们要早起的根本原因，为了在与外界打交道之前确保自己能真正地享有时间。

因为我在凌晨做过很多事情，所以在剩余时间得到的收获也各不相同。我在计划表上将上班前的时间标记为"额外的自由时间"，在待办中写下自己想做的事项。以下是我的计划表，供大家参考借鉴（见下表）。

	额外的自由时间		固定时间		剩余时间		
既有时间	4	⋯⋯ 7	8	⋯⋯ 6	7	⋯⋯ 10	⋯⋯
活动时间	额外时间		工作时间		自由时间		
待办事项	- 凌晨4:30起床 - 刷牙洗脸 - 拥有属于自己的时间 - 喝热茶 - 剪辑视频/写书 - 吃营养品 - 做上班准备				- 剪辑视频/写书 - 下班路上阅读 - 吃晚饭 - 做睡前准备		

16　一天计划的制定方法

想必上班族都遇到过不得不围着工作团团转的时候，临时加塞的事情堆积如山，下班后回到家还要继续加班加点。这种情况下，如果能利用好凌晨提前度过自己的专属时间，即使忙碌一整天也不会令你觉得自己因为外界而耗尽心力。

晚上有聚餐的日子也是一样。因为大概率回家后来不及剪辑视频，所以当大凌晨我拍完素材就马上剪辑，晚上回家在地铁上再看几页喜欢的书。一般工作日聚餐在晚上九点半左右就能结束，因为我不喝酒，所以回家路上看书、回邮件都没有什么困难。我也遇到过聚餐的人们越吃越兴奋深夜还舍不得结束的情况，这时我就会大大方方说自己有事需要提前离席，因为遵守与自己的约定也很重要（见以下两个表格）。

加班的日子

	额外的自由时间		固定时间		剩余时间		
既有时间	4	......	7　8	......	6　7	......	10　......
活动时间	额外时间		工作时间		自由时间		
待办事项	- 凌晨4:30起床 - 刷牙洗脸 - 拥有属于自己的时间 - 喝热茶 - 剪辑视频／写书 - 吃营养品 - 做上班准备				- 加班（完成审核项目、做报告、审核合同） - 下班路上选定视频配乐／阅读 - 吃晚饭 - 做睡前准备（敷面膜，11:00前入睡）		

有聚餐的日子

既有时间	额外的自由时间			固定时间			剩余时间			
	4	……	7	8	……	6	7	……	10	……
活动时间	额外时间			工作时间			自由时间			
待办事项	-凌晨4:30起床 -刷牙洗脸 -拥有属于自己的时间 -剪辑视频 -吃营养品 -做上班准备						-聚餐（9:00前离开） -下班路上阅读 Love does -做睡前准备（贴眼贴）			

　　有临时邀请的聚会，必然就有临时取消的约定。这时在待办事项里挑出一件事情做就好了。比如，原计划中午的聚餐被临时取消，而我在上班前完成了健身，于是中午忽然就多出了空闲时间。因为人在中午的精力还不差，可以提前做原本计划下班后完成的一两个待办事项，比如剪辑视频、寄快递等。这样不仅不会浪费时间，也能让下班后疲惫的自己有更多放松休息的机会。

　　有一点我需要再次强调。虽然在我的介绍中凌晨计划丰富多样，但并不需要对自己施加压力去做这些事情，你不必

16 一天计划的制定方法

要求自己努力过得充实。与此相反，尽量怀着非常轻松愉快的心情，依靠自己的好奇心和热情享受时间吧！我们在完成积累、提升自我、逐渐活出自我的时候，千万不要被"多做事"的念头冲昏头脑。

凌晨的自由时间还是心灵的缓冲剂。即使下班后因为过于疲惫什么都做不了，因为凌晨已经做了不少事情，所以什么都不做也不会让我觉得心有愧疚。养成这种习惯后，就可以开始培养其他的兴趣爱好了。凌晨四点半早起的经历，让我开始拥有专属自己的时间，也给予了我多尝试、多挑战的勇气与动力。

以上就是我的一天计划了。总的来说，我在凌晨起床，用上班前的专属时间充实自己，为努力工作做好准备；午休时间，我习惯性地去健身，饱餐一顿为下午的工作补充能量；下班后的时间我也不虚度，坚持培养自己的兴趣爱好，然后在放松的氛围中结束一天。

明天会是怎样的呢？

希望你也和我一样，每晚都期待明天的到来！

早起打破空心生活：我的一天从凌晨四点半开始

日期	× 月 × 日	周一	周二	周三	周四	周五	周六	周日
目标 / 决心				零碎时间				
－凌晨是我主宰的时间，其余时间是听从命运安排的时间！				－听有声读物 －阅读 / 回复邮件				

记事贴

今天也努力把自己放在第一位

既有时间	4	5	6	7	8	9	10	11	12	1	2
活动时间		额外时间				工作时间（上午）			午休时间		

待办事项

- 凌晨 4:30 起床
- 只属于我的准备时间
- 阅读 / 剪辑视频
- 做上班准备
- 吃早饭

- 分享有关业务最新的进度
- 回复邮件
- 研究合约
- 上报拟定方案

- 做运动
- 吃午饭（食堂）
- 给银行打电话

16　一天计划的制定方法

| 起床时间 | 4 点 30 分 | ☀︎☾ | 入睡时间 | 10 点 00 分 |

备注

- 给银行打电话
- 支付健身房储物柜费用（3 万韩元）
- 了解社会资格证信息
- 支付手机通信费
- 准备运动服

| 3 | 4 | 5 | 6 | 7 | 8 | 9 | 10 | 11 | 12 | 1 | 2 | 3 |

工作时间（下午）　　自由时间　　睡觉时间

- 部门会议
- 海外法人会议
- 小组会议

- 吃晚饭
- 做普拉提／去舞馆
- 整理书桌
- 染头发（在家）
- 支付手机通信费
- 夜间护理（护肤）

值得借鉴的早起习惯

我每天早上四点起床，七点之前到公司，晚上九点睡觉。虽然人们常说睡眠是上天的赠予，但是我似乎一次都没有收到过这个礼物。

> 受童年时期保守观念的影响，
> 我如今所做的一切都企图打破常规。
> 我曾是摇滚乐队的乐手，也曾爬过大树。
> 面对这样的我，
> 父母常感叹"他究竟会成为一个怎样的人"。
> 我是个有点叛逆精神的人，
> 所以我总觉得不能坐以待毙。

16　一天计划的制定方法

> 这个世界每天都在发生变化,我每天醒来后都会关注自己的健康状况。我坚信,获取胜利需要比任何人都机敏。[20]
>
> 卢英德
> 百事可乐前首席执行官

凌晨，
种下变化的种子

后　记

我曾对朋友说："如果我能成为律师，我想写一本可以激励周围人的书。"一眨眼十年过去了，我终于实现了这个目标。直到完成初稿的最后一个字，这件事情对我来说仍缺乏真实感。虽然我很早就有了出书的明确目标，但是真的下笔时，内心深处仍在纠结我该写什么、谁是这本书的读者，甚至还怀疑过自己是否真的能成为作者。我也由此陷入了诚惶诚恐的状态。

没有任何人能告诉我们尝试将带来什么。但正是在无法预见未来的路上前行，才算真正的挑战吧！怀着这样的想法，我愉快地完成了这本书的写作。面对不了解的事物，有

后 记 凌晨，种下变化的种子

不确定感和不安感是人之常情。但是，在梦想照进现实的前夜，这些情绪都不能成为放弃的理由。

我希望这本书能够带给大家"从此刻改变自己"的勇气，这并不像每天早起投资一两个小时那么容易。无论是四点半起床还是六点起床，都是为了摆脱熟悉又舒适的环境所做出的努力。在这个艰难的过程中，你一定会发现自己潜藏的力量，从而重新认识自己。

当你感到孤独、郁闷、疲惫的时候，就看看这本书吧。不要只用眼睛阅读，果断地在有感触的语句下画横线、把纸页折个角，留下些许痕迹。你会发现，依靠自己能比依靠别人获得更多安慰。所以，在这本书中我希望大家能重新注意到一直被隐藏、被回避的"自己"，把自己放在优先考虑的位置，找回真正适合自己的生活习惯。

如果你没有擅长的事情也没有想要做的事情，没关系，从现在开始利用好早起的时间慢慢培养吧。在学习、培养和塑造更好的自己时，我们或许才能展露真正的自我，这或许恰是生而不完美的我们所要追求的人生。

我希望这本书还能够在大家疲于做事的时候陪伴左右，

和你一起种下变化的种子。或许这个故事的开头由他人和你一起书写，但每天为种子浇水和施肥的是你，种子最终将按照你的意志不知不觉生根成长。我就亲身经历了这一过程，抬头看到原来的种子已长成参天大树的那一瞬间，我才意识到"原来我的生活也很好"。

真正的成长不是寻找自己擅长的东西，而是认识到自己的不足，努力成为比昨天更好的自己。即使你还没有明确的目标，先从早起开始大胆尝试吧。好习惯来自长期坚持，当好习惯聚集在一起，也就有了能改变生活、改变未来的力量。

此外，我想借此机会向大家表示感谢。首先，我想感谢我的家人，感谢他们坚定地信任我，支持我实现自己的梦想。我同样感谢每当我有新梦想都为我加油鼓劲的朋友们和同事们！

另外，我想向一直用正能量填满我的优兔网频道评论区的订阅者们表示感谢。最后，向为我的梦想助力的龙卷风出版社的工作人员表示感谢。

金有真

注 释

1. Jones, S.E., Lane, J.M., Wood, A.R. et al. Genome-wide association analyses of chronotype in 697, 828 individuals provides insights into circadian rhythms. Nat Commun 10, 343 (2019).

2. Tim Ferris. 《타이탄의 도구들》. 토네이도. p25.

3. Benjamin Spall & Michael Xander. *My Morning Routine*. Portfolio. 2018.

4. Ali Montag. This is billionaire Jeff Bezos' daily routine and it sets him up for success. see at CNBC/Make It/Entrepreneurs. Sep. 15, 2018.

5. CLÉMENCE VON MUEFFLING & LANI ALLEN. With Tory Burch. see at Beauty and Wellbeing/Beauty/Interview. Feb. 8, 2016.

6. Sabrina Barr. Why pressing snooze button isn't good for body or brain, according to sleep experts. *The Independent*. Mar. 13, 2020.

7. Jack Dorsey. How to Win Everyday. see at CMI/Interview. Aug. 2, 2018.

8. Phillips, A.J.K., Clerx, W.M., O'Brien, C.S. et al. Irregular sleep/wake patterns are associated with poorer academic performance and delayed circadian and sleep/wake timing. Sci Rep 7, 3216 (2017).

9. Lev Grossman. Runner-Up: Tim Cook, the Technologist. *TIME*. Dec. 19, 2012.

10. Mirkka Maukonen et al. Chronotype differences in timing of energy and macronutrient intakes: A population-based study in adults. Obesity (Silver Spring). 2017 Mar;25(3): 608-615.

11. Mark Abadi. Disney CEO Bob Iger wakes up at 4:15 every morning and enacts a technology 'firewall' until after his workout. *BUSINESSNSIDER*. Oct. 10, 2018.

12. Catherine Clifford. Here's Elon Musk's morning routine and his top productivity tip. see at CNBC/Make It/Entrepreneurs. Jun. 21, 2017.

13. Owaves Team. Day in the Life: Oprah Winfrey. see at Owaves/day plan. Jan. 16, 2018.

14. Richard Branson. Why I Wake Up Early. See at Richard Bransoh's blog at VIRGIN.

15. (1) Taylor Locke. JPMorgan CEO Jamie Dimon's morning routine: Wake up at 5 a.m. and 'read tons of stuff'. see at CNBC/Make It/ POWER PLAYERS. Aug. 1, 2020.

(2) Julia La Roche. Jamie Dimon on the single biggest challenge a Wall Streeter will ever face in their career. *BUSINESSNSIDER*. Jul. 11, 2015.

16. (1) John Parkinson. Pelosi repeats history, recaptures the speaker's gavel. see at abcnews. Jan. 4, 2019.

(2) Nia Simone McLeod. Nancy Pelosi Quotes From America's Most Powerful Woman. Everyday Power/ Inspirational Quotes. Mar. 19, 2020.

(3) Jane Mayer. Power Walk. *The New Yorker*. Nov. 6, 2011.

17. (1) CareergirlDaily Team. How to Plan Your Day Like Michelle Obama. see at CareergirlDaily. Feb.28, 2019.

(2) Hao. Michelle Obama: Daily Routine. *Balance the Grind*. Jul. 13, 2020.

18. Newsette Team. The Ceo and Co-Founder of Ellevest Tells Us about Her Early Morning Routine. *Newsette*. Jul.15, 2019.

19. Richard Feloni. A retired Navy SEAL commander breaks down his morning fitness routine that starts before dawn. *BUSINESSNSIDER*. Nov. 8, 2015.

20. Richard Feloni. How Pepsi CEO Indra Nooyi motivates herself every morning. *BUSINESSNSIDER*. Aug. 13, 2015.

早起计划表

附 录

使用方法

1.附录只包含5天的计划表样例。

2.现在把书向右转90°，看一下这张计划表吧。在正式开启新的一天之前，让我们先来确认一下当天的目标。

3.入睡前，检查一下当天的目标是否都已完成，并附上感言，接着开始写第二天的计划。

日期	月 日	周一	周二	周三	周四	周五	周六	周日	起床时间	点 分	☀ ☾	入睡时间	点 分

目标/决心

零碎时间

		备注

记事贴

既有时间		
活动时间		
待办事项		

日期	月 日	周一	周二	周三	周四	周五	周六	周日	起床时间	点	分	☀☾	入睡时间	点	分

目标/决心

零碎时间

备注

记事贴

既有时间

活动时间

待办事项

日期	月 日	周一	周二	周三	周四	周五	周六	周日	起床时间	点	分	☀☾	入睡时间	点	分
目标/决心												备注			

零碎时间

记事贴

既有时间	
活动时间	

待办事项

日期	月 日	周一	周二	周三	周四	周五	周六	周日	起床时间	点	分	入睡时间	点	分

目标/决心	零碎时间	备注

记事贴

既有时间		
活动时间		

待办事项

日期	月 日	周一 周二 周三 周四 周五 周六 周日	起床时间	点 分	☀︎ ☾	入睡时间	点 分
目标/决心			零碎时间		备注		

记事贴

既有时间			
活动时间			
待办事项			

早起改变了生活

真实的早起记录

托有真女士的福,近三个月来我坚持每天凌晨五点起床。我发现自己可利用的时间变多了,想做的事情也都逐渐开始落实。我靠自己的力量熬过了最困难的日子,奇迹般地变得独立。一开始,我确实会抱怨早起有什么意义,但现在我明白它给我带来了无价的时间,希望几个月后我还能坚持下去。

——云**

我以前八点才起床,现在五点半就起床,并且已经坚持两个月了。刚开始的一周非常艰难,但习惯后,不论是晚睡还是闹钟没有响,我都能不受影响地在五点半准时醒来。起床后,我会出门跑步或快走30分钟,为孩子准备上学需要的东西,为妻子准备便当或是为自己上班做些准备。我不再觉得时间不够用。各位也都来试试吧!

——初*****

我已经坚持一个月在凌晨四点起床了,有两三天起床失败,偶尔也会很觉得痛苦,今天手机闹钟没响我却准时醒了。现在度过的每一天都是按照我做的日程计划展开的,非常感谢您的书和视频,它们带给我改变的勇气和力量。

——智******

16　早起改变了生活

我曾在很长一段时间感到无力且疲乏。过去的两周我开始尝试坚持每天五点起床。虽然除了运动和读书，我不知道自己还能做什么，但是早起的我真的产生了在这段时间里做些事情的念头。如果没有看到您的书，恐怕我连早起的念头都没有。在此我想对您表达感谢，今后我会努力坚持下去的，谢谢您！

——Y********

受您的视频启发，我也开始挑战每天凌晨五点起床。今天第一次尝试就成功了，我不仅体会到早起本身带来的成就感，还充实地度过了两个小时。早上睁开眼就立刻洗漱，喝着喜欢的茶，一边看您的视频一边整理当天的日程。我怀着感恩的心情写下这段文字，感谢您的视频带给我无穷的勇气。

——车**

以前我常因为时间不够用，为没完成的事情翻来覆去地找借口。那天我已经躺在床上浏览了一个小时的短视频。当我看到您的视频时，瞬间从床上跳了起来。我一下子就听进了您说的话，真的非常感谢您。

——那****

我今年25岁，时常在下决定和放弃之间徘徊不定。我觉得自己慢慢地活成了一个没有韧劲、缺乏活力，甚至还有点自卑的人。我不知道生活的意义，同时也担心未来的日子都将虚度。偶然看到了您的视频，刚开始我以为您和我过着完全不同的生活，但逐渐觉得好似在回顾自己过去的生活。虽然当下还很不习惯，但我正在尝试早起并为自己制定规律的作息。曾经我以为未来都将是糟糕的日子，期盼它不要来临。但此刻，我盼望自己在未来的日子里能成为像您一样既勤奋又有意志力的人。谢谢您！

——L****** ***

进入假期后，我的无力感反而越来越沉重了，但我也不知道如何去解决这个问题。您的视频让我开始自我反思，也产生了很多新的想法，谢谢您。

——E*** ***

我一直疲于应付职场上的人际关系，认为自己因此被消耗。直到看了您的视频，我才发现自己一直都没能专注自己的生活。最近，我开始尝试在午休时间运动，下班后学习英语。托您的福，深入思考后我发现自己想完成的事情不只这一两件。

——E**** ****

衷心感谢金有真律师！我常因为习惯性的不安感而不愿意做任何事情。偶然看到您的视频，得到鼓励的我也开始尝试挑战四点半起床。到今天为止，我已经坚持三周了，也变得自信、有底气了。此外，我也开始尝试拍摄自己早起的视频，在早上计划日程，感受与以前不一样的生活。我在做外出准备的时候也会看您的视频。您真的给了我很多能量！真的特别感谢您。

——S*********

看了您的视频，我真的感触良多。原来还可以这样利用清晨时间，靠它收获自己主宰的人生！平日里，我的情绪和时间常被琐事占用，但现在我清楚地知道应当把自己放在首要位置。看完您的视频，我注销了自己无用的社交账号，感谢您让我跨出了改变自己的一步。

——Y**********